4. 사각형과 다각형

● 도형 판을 잘라 여러 가지 모양 만들기에서 사용하세요.

H5 251a~251b

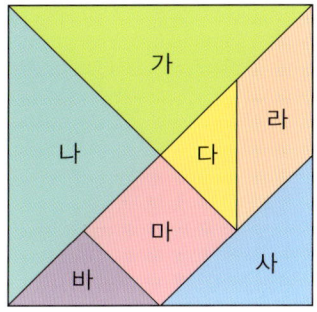 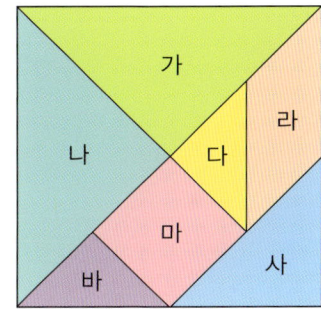 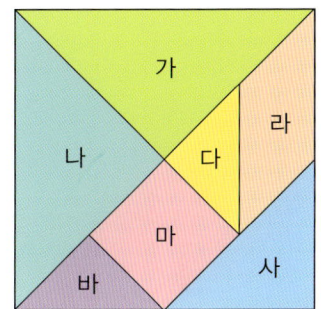

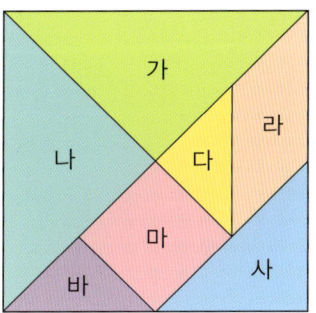 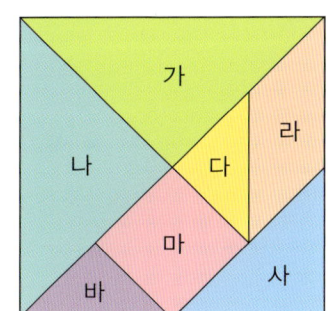 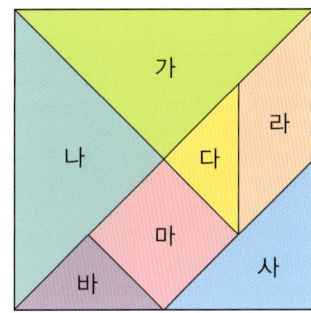

H5 253b

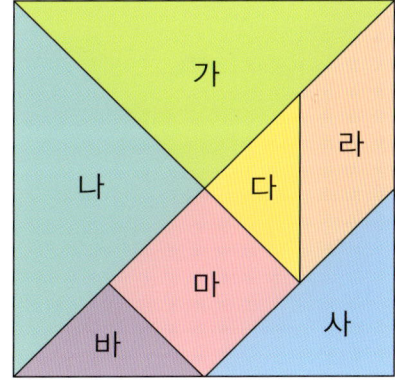 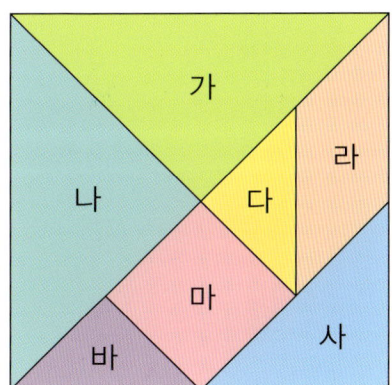

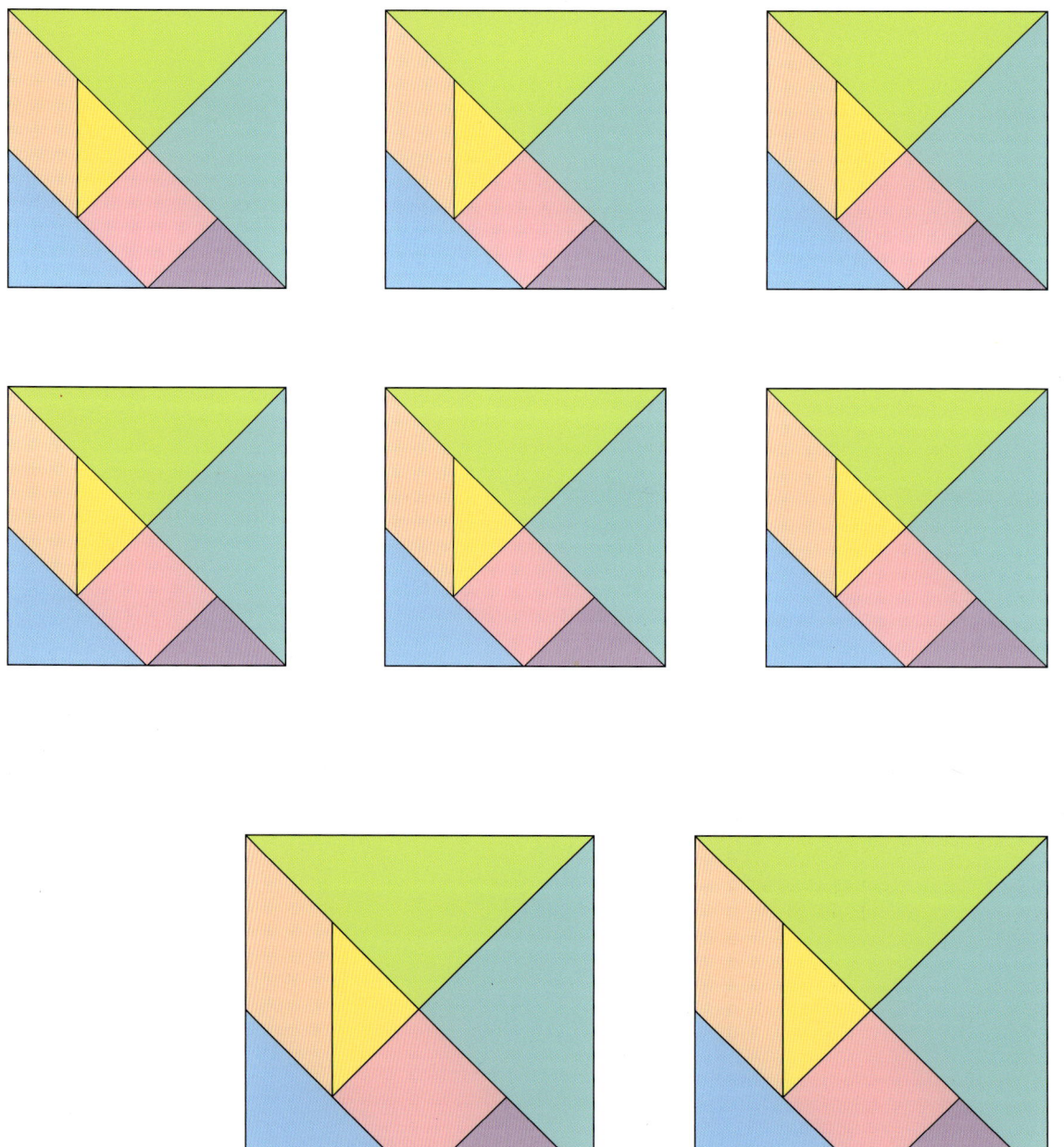

사고력도 탄탄! 창의력도 탄탄!
수학 일등의 지름길 「기탄사고력수학」

♛ 단계별·능력별 프로그램식 학습지입니다

유아부터 초등학교 6학년까지 각 단계별로 4~6권씩 총 52권으로 구성되었으며, 처음 시작할 때 나이와 학년에 관계없이 능력별 수준에 맞추어 학습하는 프로그램식 학습지입니다.

♛ 사고력·창의력을 키워 주는 수학 학습지입니다

다양한 사고 단계를 거쳐 문제 해결력을 높여 주며, 개념과 원리를 이해하도록 하여 수학적 사고력을 키워 줍니다. 또 수학적 사고를 바탕으로 스스로 생각하고 깨닫는 창의력을 키워 줍니다.

♛ 유아 과정은 물론 초등학교 수학의 전 영역을 골고루 학습합니다

운필력, 공간 지각력, 수 개념 등 유아 과정부터 시작하여, 초등학교 과정인 수와 연산, 도형 등 수학의 전 영역을 골고루 다루어, 자녀들의 수학적 사고의 폭을 넓히는 데 큰 도움을 줍니다.

♛ 학습 지도 가이드와 다양한 학습 성취도 평가 자료를 수록했습니다

매주, 매달, 매 단계마다 학습 목표에 따른 지도 내용과 지도 요점, 완벽한 해설을 제공하여 학부모님께서 쉽게 지도하실 수 있습니다. 창의력 문제와 수학 경시 대회 예상 문제를 단계별로 수록, 수학 실력을 완성시켜 줍니다.

♛ 과학적 학습 분량으로 공부하는 습관이 몸에 배입니다

하루 10~20분 정도의 과학적 학습량으로 공부에 싫증을 느끼지 않게 하고, 학습에 자신감을 가지도록 하였습니다. 매일 일정 시간 꾸준하게 공부하도록 하면, 시키지 않아도 공부하는 습관이 몸에 배게 됩니다.

「기탄사고력수학」은 체계적이고 장기적인 프로그램으로 꾸준히 학습하면 반드시 성적으로 보답합니다

✿ 스몰 스텝(Small Step)방식으로 꾸준히 학습하면 성적이 올라갑니다

「기탄사고력수학」은 단순히 문제만 나열한 문제집이 아닙니다. 체계적이고 장기적인 학습프로그램을 통해 수학적 사고력과 창의력을 완성시켜 주는 스몰 스텝(Small Step)방식으로 꾸준히 학습하면 반드시 성적이 올라갑니다.

✿ 하루 3장, 10~20분씩 규칙적으로 학습하게 하세요

매일 일정 시간에 일정한 학습량을 꾸준히 재미있게 해야만 학습효과를 높일 수 있습니다. 주별로 분철하기 쉽게 제본되어 있으니, 교재를 구입하시면 먼저 분철하여 일주일 학습 분량만 자녀들에게 나누어 주세요. 그래야만 아이들이 학습 성취감과 자신감을 가질 수 있습니다.

✿ 자녀들의 수준에 알맞은 교재를 선택하세요

〈기탄사고력수학〉은 유아에서 초등학교 6학년까지, 나이와 학년에 관계없이 학습 난이도별로 자신의 능력에 맞는 단계를 선택하여 시작하는 능력별 교재입니다. 그러나 자녀의 수준보다 1~2단계 낮춘 교재부터 시작하면 학습에 더욱 자신감을 갖게 되어 효과적입니다.

교재 구분	교재 구성	대 상
A단계 교재	1, 2, 3, 4집	4세 ~ 5세 아동
B단계 교재	1, 2, 3, 4집	5세 ~ 6세 아동
C단계 교재	1, 2, 3, 4집	6세 ~ 7세 아동
D단계 교재	1, 2, 3, 4집	7세 ~ 초등학교 1학년
E단계 교재	1, 2, 3, 4, 5, 6집	초등학교 1학년
F단계 교재	1, 2, 3, 4, 5, 6집	초등학교 2학년
G단계 교재	1, 2, 3, 4, 5, 6집	초등학교 3학년
H단계 교재	1, 2, 3, 4, 5, 6집	초등학교 4학년
I단계 교재	1, 2, 3, 4, 5, 6집	초등학교 5학년
J단계 교재	1, 2, 3, 4, 5, 6집	초등학교 6학년

「기탄사고력수학」으로
수학 성적 올리는 일등비법을 공개합니다

※ **문제를 먼저 풀어 주지 마세요**

기탄사고력수학은 직관(전체 감지)을 논리(이론과 구체 연결)로 발전시켜 답을 구하도록 구성되었습니다. 쉽게 문제를 풀지 못하더라도 노력하는 과정에서 더 많은 것을 얻을 수 있으니, 약간의 힌트 외에는 자녀가 스스로 끝까지 문제를 풀어 나갈 수 있도록 격려해 주세요.

※ **교재는 이렇게 활용하세요**

먼저 자녀들의 능력에 맞는 교재를 선택하세요. 그리고 일주일 분량씩 분철하여 매일 3장씩 풀 수 있도록 해 주세요. 한꺼번에 많은 양의 교재를 주시면 어린이가 부담을 느껴서 학습을 미루거나 포기하기 쉽습니다. 적당한 양을 매일매일 학습하도록 하여 수학 공부하는 재미를 느낄 수 있도록 해 주세요.

※ **교재 학습 과정을 꼭 지켜 주세요**

한 주 학습이 끝날 때마다 창의력 문제와 경시 대회 예상 문제를 꼭 풀고 넘어가도록 해 주시고, 한 권(한 달 과정)이 끝나면 성취도 테스트와 종료 테스트를 통해 스스로 실력을 가늠해 볼 수 있도록 도와 주세요. 문제를 다 풀면 반드시 해답지를 이용하여 정확하게 채점해 주시고, 틀린 문제를 체크해 놓았다가 다음에는 확실히 풀 수 있도록 지도해 주세요.

※ **자녀의 학습 관리를 게을리 하지 마세요**

수학적 사고는 하루 아침에 생겨나는 것이 아닙니다. 날마다 꾸준히 규칙적으로 학습해 나갈 때에만 비로소 수학적 사고의 기틀이 마련되는 것입니다. 교육은 사랑입니다. 자녀가 학습한 부분을 어머니께서 꼭 확인하시면서 사랑으로 돌봐 주세요. 부모님의 관심 속에서 자란 아이들만이 성적 향상은 물론 이 사회에서 꼭 필요한 인격체로 성장해 나갈 수 있다는 것도 잊지 마세요.

기탄사고력수학 교재별 학습 내용

A 단계 교재

A - ❶ 교재

나와 가족에 대하여 알기
바른 행동 알기
다양한 선 그리기
다양한 사물 색칠하기
○△□ 알기
똑같은 것 찾기
빠진 것 찾기
종류가 같은 것과 다른 것 찾기
관찰력, 논리력, 사고력 키우기

A - ❷ 교재

필요한 물건 찾기
관계 있는 것 찾기
다양한 기준에 따라 분류하기
(종류, 용도, 모양, 색깔, 재질, 계절, 성질 등)
두 가지 기준에 따라 분류하기
다섯까지 세기
변별력 키우기
미로 통과하기

A - ❸ 교재

다양한 기준으로 비교하기
(길이, 높이, 양, 무게, 크기, 두께, 넓이, 속도, 깊이 등)
시간의 순서 비교하기
반대 개념 알기
3까지의 숫자 배우기
그림 퍼즐 맞추기
미로 통과하기

A - ❹ 교재

최상급 개념 알기
다양한 기준으로 순서 짓기 (크기, 시간, 길이, 두께 등)
네 가지 이상 비교하기
이중 서열 알기
ABAB, ABCABC의 규칙성 알기
다양한 규칙 이해하기
부분과 전체 알기
5까지의 숫자 배우기
일대일 대응, 일대다 대응 알기
미로 통과하기

B 단계 교재

B - ❶ 교재

열까지 세기
9까지의 숫자 배우기
사물의 기본 모양 알기
모양 구성하기
모양 나누기와 합치기
같은 모양, 짝이 되는 모양 찾기
위치 개념 알기 (위, 아래, 앞, 뒤)
위치 파악하기

B - ❷ 교재

9까지의 수량, 수 단어, 숫자 연결하기
구체물을 이용한 수 익히기
반구체물을 이용한 수 익히기
위치 개념 알기 (안, 밖, 왼쪽, 가운데, 오른쪽)
다양한 위치 개념 알기
시간 개념 알기 (낮, 밤)
구체물을 이용한 수와 양의 개념 알기
(같다, 많다, 적다)

B - ❸ 교재

순서대로 숫자 쓰기
거꾸로 숫자 쓰기
1 큰 수와 2 큰 수 알기
1 작은 수와 2 작은 수 알기
반구체물을 이용한 수와 양의 개념 알기
보존 개념 익히기
여러 가지 단위 배우기

B - ❹ 교재

순서수 알기
사물의 입체 모양 알기
입체 모양 나누기
두 수의 크기 비교하기
여러 수의 크기 비교하기
0의 개념 알기
0부터 9까지의 수 익히기

C 단계 교재

C - ❶ 교재	C - ❷ 교재
구체물을 통한 수 가르기 반구체물을 통한 수 가르기 숫자를 도입한 수 가르기 구체물을 통한 수 모으기 반구체물을 통한 수 모으기 숫자를 도입한 수 모으기	수 가르기와 모으기 여러 가지 방법으로 수 가르기 수 모으고 다시 수 가르기 수 가르고 다시 수 모으기 더해 보기 세로로 더해 보기 빼 보기 세로로 빼 보기 더해 보기와 빼 보기 바꾸어서 셈하기

C - ❸ 교재	C - ❹ 교재
길이 측정하기　높이 측정하기 넓이 측정하기　크기 측정하기 둘레 측정하기　무게 측정하기 부피 측정하기　들이 측정하기 활동 시간 알아보기　시간의 순서 알아보기 여러 가지 측정하기	열 개 열 개 만들어 보기 열 개 묶어 보기 자리 알아보기 수 '10' 알아보기 10의 크기 알아보기 더하여 10이 되는 수 알아보기 열다섯까지 세어 보기 스물까지 세어 보기

D 단계 교재

D - ❶ 교재	D - ❷ 교재
수 11~20 알기 11~20까지의 수 알기 30까지의 수 알아보기 자릿값을 이용하여 30까지의 수 나타내기 40까지의 수 알아보기 자릿값을 이용하여 40까지의 수 나타내기 자릿값을 이용하여 50까지의 수 나타내기 50까지의 수 알아보기	상자 모양, 공 모양, 둥근기둥 모양 알아보기 공간 위치 알아보기 입체도형으로 모양 만들기 여러 방향에서 본 모습 관찰하기 평면도형 알아보기 선대칭 모양 알아보기 모양 만들기와 탱그램

D - ❸ 교재	D - ❹ 교재
덧셈 이해하기 10이 되는 더하기 여러 가지로 더해 보기 덧셈 익히기 뺄셈 이해하기 10에서 빼기 여러 가지로 빼 보기 뺄셈 익히기	조사하여 기록하기 그래프의 이해 그래프의 활용 분수의 이해 시간 느끼기 사건의 순서 알기 소요 시간 알아보기 달력 보기 시계 보기 활동한 시간 알기

E 단계 교재

E - ❶ 교재	E - ❷ 교재	E - ❸ 교재
사물의 개수를 세어 보고 1, 2, 3, 4, 5 알아보기 0의 개념과 0~5까지의 수의 순서 알기 하나 더 많다, 적다의 개념 알기 두 수의 크기 비교하기 사물의 개수를 세어 보고 6, 7, 8, 9 알아보기 0~9까지의 수의 순서 알기 하나 더 많다, 적다의 개념 알기 두 수의 크기 비교하기 여러 가지 모양 알아보기, 찾아보기, 만들어 보기 규칙 찾기	두 수로 가르기 두 수를 모으기 가르기와 모으기 덧셈식 알아보기 뺄셈식 알아보기 길이 비교해 보기 높이 비교해 보기 들이 비교해 보기 무게 비교해 보기 넓이 비교해 보기	수 10(십) 알아보기 19까지의 수 알아보기 몇십과 몇십 몇 알아보기 물건의 수 세기 50까지 수의 순서 알아보기 두 수의 크기 비교하기 분류하기 분류하여 세어 보기

E - ❹ 교재	E - ❺ 교재	E - ❻ 교재
수 60, 70, 80, 90 99까지의 수 수의 순서 두 수의 크기 비교 여러 가지 모양 알아보기, 찾아보기 여러 가지 모양 만들기, 그리기 규칙 찾기 10을 두 수로 가르기 10이 되도록 두 수를 모으기	10이 되는 더하기 10에서 빼기 세 수의 덧셈과 뺄셈 (몇십)+(몇), (몇십 몇)+(몇), (몇십 몇)+(몇십 몇) (몇십 몇)−(몇), (몇십 몇)−(몇십 몇) 긴바늘, 짧은바늘 알아보기 몇 시 알아보기 몇 시 30분 알아보기	세 수의 덧셈 받아올림이 있는 (몇)+(몇) 받아내림이 있는 (십 몇)−(몇) 세 수의 계산 덧셈식, 뺄셈식 만들기 □가 있는 덧셈식, 뺄셈식 만들기 여러 가지 방법으로 해결하기

F 단계 교재

F - ❶ 교재	F - ❷ 교재	F - ❸ 교재
백(100)과 몇백(200, 300, ……)의 개념 이해 세 자리 수와 뛰어 세기의 이해 세 자리 수의 크기 비교 받아올림이 있는 (두 자리 수)+(한 자리 수)의 계산 받아내림이 있는 (두 자리 수)−(한 자리 수)의 계산 세 수의 덧셈과 뺄셈 선분과 직선의 차이 이해 사각형, 삼각형, 원 등의 여러 가지 모양 쌓기나무로 똑같이 쌓아 보고 여러 가지 모양 만들기 배열 순서에 따라 규칙 찾아내기	받아올림이 있는 (두 자리 수)+(두 자리 수)의 계산 받아내림이 있는 (두 자리 수)−(두 자리 수)의 계산 여러 가지 방법으로 계산하고 세 수의 혼합 계산 길이 비교와 단위길이의 비교 길이의 단위(cm) 알기 길이 재기와 길이 어림하기 어떤 수를 □로 나타내기 덧셈식·뺄셈식에서 □의 값 구하기 어떤 수를 구하는 식 만들기 식에 알맞은 문제 만들기	시각 읽기 시각과 시간의 차이 알기 하루의 시간 알기 달력을 보며 1년 알기 몇 시 몇 분 전 알기 반 시간 알기 묶어 세기 몇 배 알아보기 더하기를 곱하기로 나타내기 덧셈식과 곱셈식으로 나타내기

F - ❹ 교재	F - ❺ 교재	F - ❻ 교재
2~9의 단 곱셈구구 익히기 1의 단 곱셈구구와 0의 곱 곱셈표에서 규칙 찾기 받아올림이 없는 세 자리 수의 덧셈 받아내림이 없는 세 자리 수의 뺄셈 여러 가지 방법으로 계산하기 미터(m)와 센티미터(cm) 길이 재기 길이 어림하기 길이의 합과 차	받아올림이 있는 세 자리 수의 덧셈 받아내림이 있는 세 자리 수의 뺄셈 여러 가지 방법으로 덧셈·뺄셈하기 세 수의 혼합 계산 똑같이 나누기 전체와 부분의 크기 분수의 쓰기와 읽기 분수만큼 색칠하고 분수로 나타내기 표와 그래프로 나타내기 조사하여 표와 그래프로 나타내기	□가 있는 곱셈식을 만들어 문제 해결하기 규칙을 찾아 문제 해결하기 거꾸로 생각하여 문제 해결하기

단계 교재

G - ❶ 교재	G - ❷ 교재	G - ❸ 교재
1000의 개념 알기 몇천, 네 자리 수 알기 수의 자릿값 알기 뛰어 세기, 두 수의 크기 비교 세 자리 수의 덧셈 덧셈의 여러 가지 방법 세 자리 수의 뺄셈 뺄셈의 여러 가지 방법 각과 직각의 이해 직각삼각형, 직사각형, 정사각형의 이해	똑같이 묶어 덜어 내기와 똑같게 나누기 나눗셈의 몫 곱셈과 나눗셈의 관계 나눗셈의 몫을 구하는 방법 나눗셈의 세로 형식 곱셈을 활용하여 나눗셈의 몫 구하기 평면도형 밀기, 뒤집기, 돌리기 평면도형 뒤집고 돌리기 (몇십)×(몇)의 계산 (두 자리 수)×(한 자리 수)의 계산	분수만큼 알기와 분수로 나타내기 몇 개인지 알기 분수의 크기 비교 mm 단위를 알기와 mm 단위까지 길이 재기 km 단위를 알기 km, m, cm, mm의 단위가 있는 길이의 합과 차 구하기 시각과 시간의 개념 알기 1초의 개념 알기 시간의 합과 차 구하기
G - ❹ 교재	**G - ❺ 교재**	**G - ❻ 교재**
(네 자리 수)+(세 자리 수) (네 자리 수)+(네 자리 수) (네 자리 수)−(세 자리 수) (네 자리 수)−(네 자리 수) 세 수의 덧셈과 뺄셈 (세 자리 수)×(한 자리 수) (몇십)×(몇십) / (두 자리 수)×(몇십) (두 자리 수)×(두 자리 수) 원의 중심과 반지름 / 그리기 / 지름 / 성질	(몇십)÷(몇) 내림이 없는 (몇십 몇)÷(몇) 나눗셈의 몫과 나머지 나눗셈식의 검산 / (몇십 몇)÷(몇) 들이 / 들이의 단위 들이의 어림하기와 합과 차 무게 / 무게의 단위 무게의 어림하기와 합과 차 0.1 / 소수 알아보기 소수의 크기 비교하기	막대그래프 막대그래프 그리기 그림그래프 그림그래프 그리기 알맞은 그래프로 나타내기 규칙을 정해 무늬 꾸미기 규칙을 찾아 문제 해결 표를 만들어서 문제 해결 예상과 확인으로 문제 해결

단계 교재

H - ❶ 교재	H - ❷ 교재	H - ❸ 교재
만 / 다섯 자리 수 / 십만, 백만, 천만 억 / 조 / 큰 수 뛰어서 세기 두 수의 크기 비교 100, 1000, 10000, 몇백, 몇천의 곱 (세,네 자리 수)×(두 자리 수) 세 수의 곱셈 / 몇십으로 나누기 (두,세 자리 수)÷(두 자리 수) 각의 크기 / 각 그리기 / 각도의 합과 차 삼각형의 세 각의 크기의 합 사각형의 네 각의 크기의 합	이등변삼각형 / 이등변삼각형의 성질 정삼각형 / 예각과 둔각 예각삼각형 / 둔각삼각형 덧셈, 뺄셈 또는 곱셈, 나눗셈이 섞여 있는 혼합 계산 덧셈, 뺄셈, 곱셈, 나눗셈이 섞여 있는 혼합 계산 ( ), { }가 있는 혼합 계산 분수와 진분수 / 가분수와 대분수 대분수를 가분수로, 가분수를 대분수로 나타내기 분모가 같은 분수의 크기 비교	소수 소수 두 자리 수 소수 세 자리 수 소수 사이의 관계 소수의 크기 비교 규칙을 찾아 수로 나타내기 규칙을 찾아 글로 나타내기 새로운 무늬 만들기
H - ❹ 교재	**H - ❺ 교재**	**H - ❻ 교재**
분모가 같은 진분수의 덧셈 분모가 같은 대분수의 덧셈 분모가 같은 진분수의 뺄셈 분모가 같은 대분수의 뺄셈 분모가 같은 대분수와 진분수의 덧셈과 뺄셈 소수의 덧셈 / 소수의 뺄셈 수직과 수선 / 수선 긋기 평행선 / 평행선 긋기 평행선 사이의 거리	사다리꼴 / 평행사변형 / 마름모 직사각형과 정사각형의 성질 다각형과 정다각형 / 대각선 여러 가지 모양 만들기 여러 가지 모양으로 덮기 직사각형과 정사각형의 둘레 1cm^2 / 직사각형과 정사각형의 넓이 여러 가지 도형의 넓이 이상과 이하 / 초과와 미만 / 수의 범위 올림과 버림 / 반올림 / 어림의 활용	꺾은선그래프 꺾은선그래프 그리기 물결선을 사용한 꺾은선그래프 물결선을 사용한 꺾은선그래프 그리기 알맞은 그래프로 나타내기 꺾은선그래프의 활용 두 수 사이의 관계 두 수 사이의 관계를 식으로 나타내기 문제를 해결하고 풀이 과정을 설명하기

기탄교력수학 교재별 학습 내용

I 단계 교재

I - ❶ 교재	I - ❷ 교재	I - ❸ 교재
약수 / 배수 / 배수와 약수의 관계 공약수와 최대공약수 공배수와 최소공배수 크기가 같은 분수 알기 크기가 같은 분수 만들기 분수의 약분 / 분수의 통분 분수의 크기 비교 / 진분수의 덧셈 대분수의 덧셈 / 진분수의 뺄셈 대분수의 뺄셈 / 세 분수의 덧셈과 뺄셈	세 분수의 덧셈과 뺄셈 (진분수)×(자연수) / (대분수)×(자연수) (자연수)×(진분수) / (자연수)×(대분수) (단위분수)×(단위분수) (진분수)×(진분수) / (대분수)×(대분수) 세 분수의 곱셈 / 합동인 도형의 성질 합동인 삼각형 그리기 면, 모서리, 꼭짓점 직육면체와 정육면체 직육면체의 성질 / 겨냥도 / 전개도	평행사변형의 넓이 삼각형의 넓이 사다리꼴의 넓이 마름모의 넓이 넓이의 단위 m², a 넓이의 단위 ha, km² 넓이의 단위 관계 무게의 단위
I - ❹ 교재	**I - ❺ 교재**	**I - ❻ 교재**
분수와 소수의 관계 분수를 소수로, 소수를 분수로 나타내기 분수와 소수의 크기 비교 1÷(자연수)를 곱셈으로 나타내기 (자연수)÷(자연수)를 곱셈으로 나타내기 (진분수)÷(자연수) / (가분수)÷(자연수) (대분수)÷(자연수) 분수와 자연수의 혼합 계산 선대칭도형/선대칭의 위치에 있는 도형 점대칭도형/점대칭의 위치에 있는 도형	(소수)×(자연수) / (자연수)×(소수) 곱의 소수점의 위치 (소수)×(소수) 소수의 곱셈 (소수)÷(자연수) (자연수)÷(자연수) 줄기와 잎 그림 그림그래프 평균 자료를 그래프로 나타내고 설명하기	두 수의 크기 비교 비율 백분율 할푼리 실제로 해 보기와 표 만들기 그림 그리기와 식 만들기 예상하고 확인하기와 표 만들기 실제로 해 보기와 규칙 찾기

J 단계 교재

J - ❶ 교재	J - ❷ 교재	J - ❸ 교재
(자연수)÷(단위분수) 분모가 같은 진분수끼리의 나눗셈 분모가 다른 진분수끼리의 나눗셈 (자연수)÷(진분수) / 대분수의 나눗셈 분수의 나눗셈 활용하기 소수의 나눗셈 / (자연수)÷(소수) 소수의 나눗셈에서 나머지 반올림한 몫 입체도형과 각기둥 / 각뿔 각기둥의 전개도 / 각뿔의 전개도	쌓기나무의 개수 쌓기나무의 각 자리, 각 층별로 나누어 개수 구하기 규칙 찾기 쌓기나무로 만든 것, 여러 가지 입체도형, 여러 가지 생활 속 건축물의 위, 앞, 옆 에서 본 모양 원주와 원주율 / 원의 넓이 띠그래프 알기 / 띠그래프 그리기 원그래프 알기 / 원그래프 그리기	비례식 비의 성질 가장 작은 자연수의 비로 나타내기 비례식의 성질 비례식의 활용 연비 두 비의 관계를 연비로 나타내기 연비의 성질 비례배분 연비로 비례배분
J - ❹ 교재	**J - ❺ 교재**	**J - ❻ 교재**
(소수)÷(분수) / (분수)÷(소수) 분수와 소수의 혼합 계산 원기둥 / 원기둥의 전개도 원뿔 회전체 / 회전체의 단면 직육면체와 정육면체의 겉넓이 부피의 비교 / 부피의 단위 직육면체와 정육면체의 부피 부피의 큰 단위 부피와 들이 사이의 관계	원기둥의 겉넓이 원기둥의 부피 경우의 수 순서가 있는 경우의 수 여러 가지 경우의 수 확률 미지수를 x로 나타내기 등식 알기 / 방정식 알기 등식의 성질을 이용하여 방정식 풀기 방정식의 활용	두 수 사이의 대응 관계 / 정비례 정비례를 활용하여 생활 문제 해결하기 반비례 반비례를 활용하여 생활 문제 해결하기 그림을 그리거나 식을 세워 문제 해결하기 거꾸로 생각하거나 식을 세워 문제 해결하기 표를 작성하거나 예상과 확인을 통하여 문제 해결하기 여러 가지 방법으로 문제 해결하기 새로운 문제를 만들어 풀어 보기

사고력도 탄탄! 창의력도 탄탄!

기탄고력수학

H5

🐤 H241a ~ H255b

학습 관리표

학습 내용		이번 주는?
사각형과 다각형	• 사다리꼴 • 평행사변형 • 마름모 • 직사각형과 정사각형의 성질 • 다각형과 정다각형 • 대각선 • 여러 가지 모양 만들기 • 여러 가지 모양으로 덮기 • 창의력 학습 • 경시대회 예상문제	• 학습 방법 : ① 매일매일　② 가끔　③ 한꺼번에 　　　　　　 하였습니다. • 학습 태도 : ① 스스로 잘　② 시켜서 억지로 　　　　　　 하였습니다. • 학습 흥미 : ① 재미있게　② 싫증내며 　　　　　　 하였습니다. • 교재 내용 : ① 적합하다고　② 어렵다고　③ 쉽다고 　　　　　　 하였습니다.

지도 교사가 부모님께	부모님이 지도 교사께

평가	Ⓐ 아주 잘함	Ⓑ 잘함	Ⓒ 보통	Ⓓ 부족함

원(교)　　　반　　이름　　　　　　전화

기초부터 탄탄하게
G 기탄교육
www.gitan.co.kr / (02)586-1007(대)

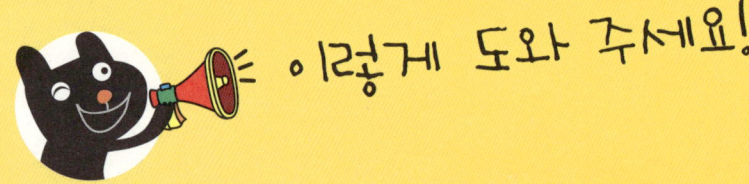

이렇게 도와 주세요!

● 학습 목표
– 사다리꼴, 평행사변형, 마름모, 직사각형, 정사각형을 이해할 수 있습니다.
– 다각형과 정다각형을 이해할 수 있습니다.
– 사각형의 대각선을 이해하고 성질을 알 수 있습니다.
– 도형 판을 사용하여 여러 가지 모양을 만들 수 있습니다.
– 여러 가지 모양 조각으로 주어진 도형이나 평면을 덮을 수 있습니다.

● 지도 내용
– 사다리꼴을 이해하고 그 성질에 대해 알게 합니다.
– 평행사변형을 이해하고 그 성질에 대해 알게 합니다.
– 마름모를 이해하고 그 성질에 대해 알게 합니다.
– 직사각형과 정사각형의 성질을 이해하고 사각형의 관계에 대해 알게 합니다.
– 다각형과 정다각형을 이해하고 종류에 대해 알게 합니다.
– 사각형의 대각선을 이해하고 그 성질을 알게 합니다.
– 여러 가지 모양 조각으로 주어진 도형이나 평면을 덮을 수 있게 합니다.

● 지도 요점
이번 단원은 일반 사각형으로부터 사다리꼴, 평행사변형, 마름모, 직사각형, 정사각형
으로 조건이 점점 추가되어 특수한 형태로 되어 간다는 것을 알게 합니다. 다각형을
학습하고 모든 변의 길이가 같은 다각형을 정다각형이라 한다는 것을 알게 합니다.
또 삼각형이나 사각형은 다각형에 포함된다는 것을 알게 합니다. 이와 같은 도형의
지도는 종이접기나 오리기 등의 활동을 통하여 지도하는 것이 좋습니다.
도형 판을 사용하여 여러 가지 삼각형이나 사각형을 만들거나, 점판을 이용하여 합동
이 아닌 여러 가지 삼각형이나 사각형을 그려 보는 활동을 통하여 삼각형, 사각형의
구성 요소를 익히게 지도합니다.

✿ 이름 :

✿ 날짜 :

✿ 시간 :　　시　　분 ~　　시　　분

확인

◆ **사다리꼴** ◆

마주 보는 한 쌍의 변이 서로 평행한 사각형을 **사다리꼴**이라고 합니다.

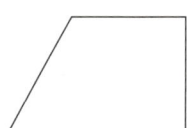

🐸 사각형을 보고 물음에 답하시오. [1~3]

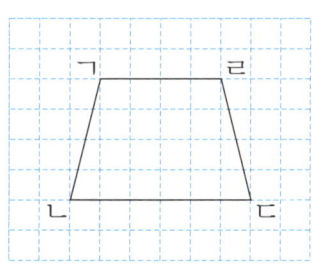

1 서로 마주 보는 변을 찾아 쓰시오.

변 ㄱㄴ과 _____, 변 ㄱㄹ과 _____

2 서로 평행한 변은 몇 쌍입니까?

[답] _____

3 위와 같은 사각형을 무엇이라고 합니까?

[답] _____

사고력 학습

4 사다리꼴을 모두 찾아 쓰시오.

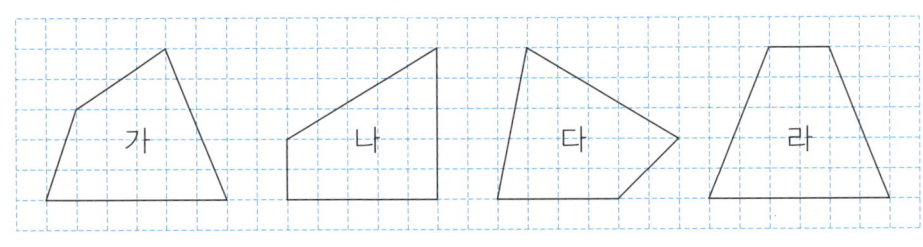

[답] _____

각 점판에서 한 꼭짓점만 옮겨서 사다리꼴을 만들어 보시오. [5~6]

5
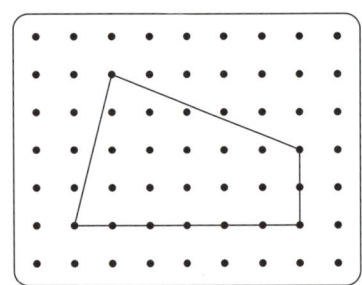

6
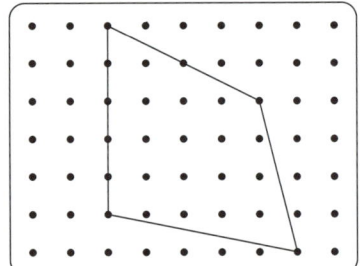

주어진 선분을 한 변으로 하는 사다리꼴을 그려 보시오. [7~8]

7
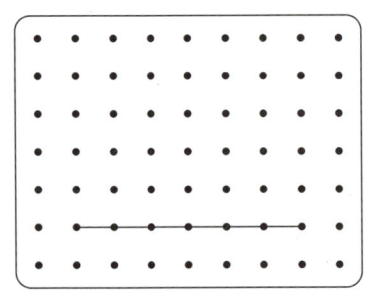

8
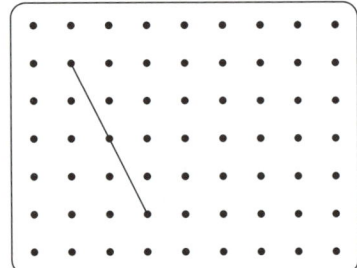

이름 :

날짜 :

시간 :　시　분 ~　시　분

◆ **평행사변형(1)** ◆

> 마주 보는 두 쌍의 변이 서로 평행한 사각형을
> 평행사변형이라고 합니다.

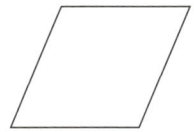

🐸 사각형을 보고 물음에 답하시오. [1~4]

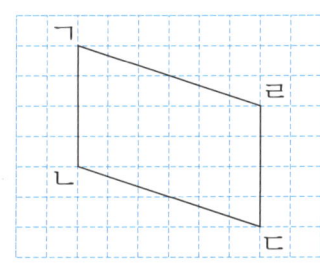

1 서로 평행한 변은 몇 쌍입니까?

[답]

2 위와 같은 사각형을 무엇이라고 합니까?

[답]

3 길이가 같은 변을 찾아 쓰시오.

변 ㄱㄴ과 _____, 변 ㄴㄷ과 _____

4 크기가 같은 각을 찾아 쓰시오.

각 ㄱㄹㄷ과 _____, 각 ㄴㄷㄹ과 _____

사고력 학습

🐸 평행사변형을 모두 찾아 쓰시오. [5~6]

5

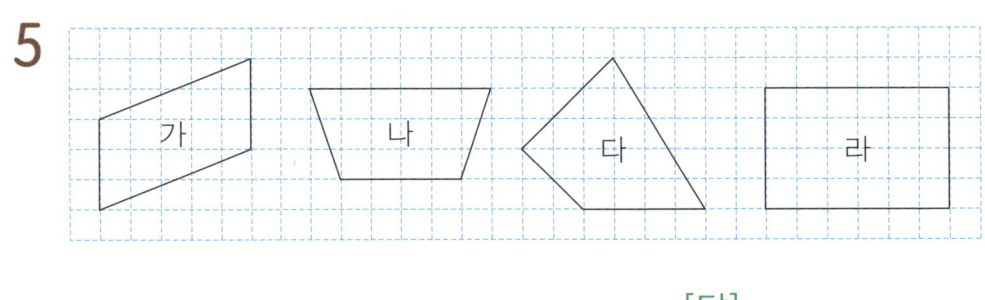

[답]

6

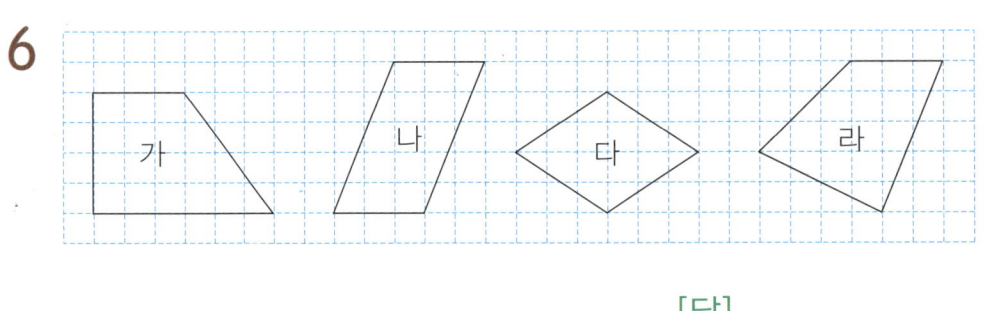

[답]

7 다음은 평행사변형입니다. ☐ 안에 알맞은 수를 써넣으시오.

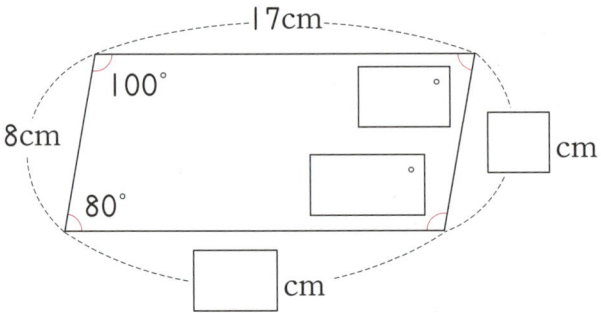

★ 이름 :
★ 날짜 :
★ 시간 :　　시　　분 ~ 　　시　　분

확인

◆ **평행사변형**(2) ◆

🐸 각 점판에서 한 꼭짓점만 옮겨서 평행사변형을 만들어 보시오. [1~4]

1

2

3

4

🐸 주어진 선분을 두 변으로 하는 평행사변형을 그려 보시오. [5~6]

5

6

7 평행사변형에 대한 설명으로 잘못된 것을 찾아 기호를 쓰시오.

> ㉠ 마주 보는 변이 서로 평행한 사각형입니다.
> ㉡ 마주 보는 변이 서로 수직인 사각형입니다.
> ㉢ 마주 보는 변의 길이가 같은 사각형입니다.
> ㉣ 마주 보는 각의 크기가 같은 사각형입니다.

[답]

8 직사각형 모양의 종이를 점선을 따라 잘랐습니다. 평행사변형을 모두 찾아 쓰시오.

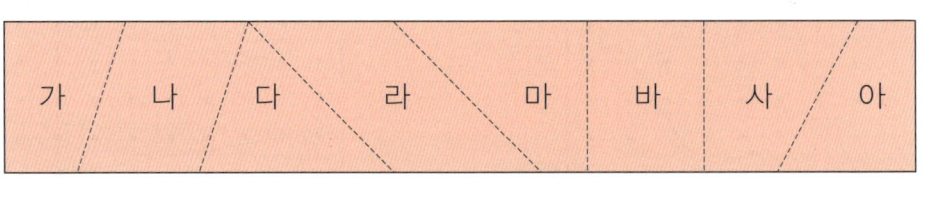

[답]

9 평행사변형에서 각 ㄴㄷㄹ의 크기는 몇 도입니까?

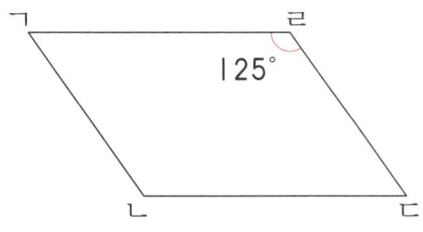

[답]

확인

✿ 이름 :

✿ 날짜 :

✿ 시간 :　　시　　분 ~　　시　　분

◆ **마름모(1)** ◆

네 변의 길이가 모두 같은 사각형을 마름모
라고 합니다.

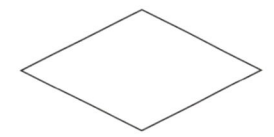

🐸 사각형을 보고 물음에 답하시오. [1~4]

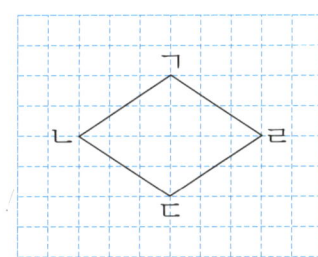

1 변 ㄱㄴ과 길이가 같은 변을 모두 찾아 쓰시오.

[답]

2 위와 같은 사각형을 무엇이라고 합니까?

[답]

3 서로 평행한 변은 몇 쌍입니까?

[답]

4 크기가 같은 각을 찾아 쓰시오.

각 ㄱㄹㄷ과 ＿＿＿＿＿＿＿＿＿＿ , 각 ㄴㄷㄹ과 ＿＿＿＿＿＿＿＿

🐸 마름모를 찾아 쓰시오. [5～6]

5
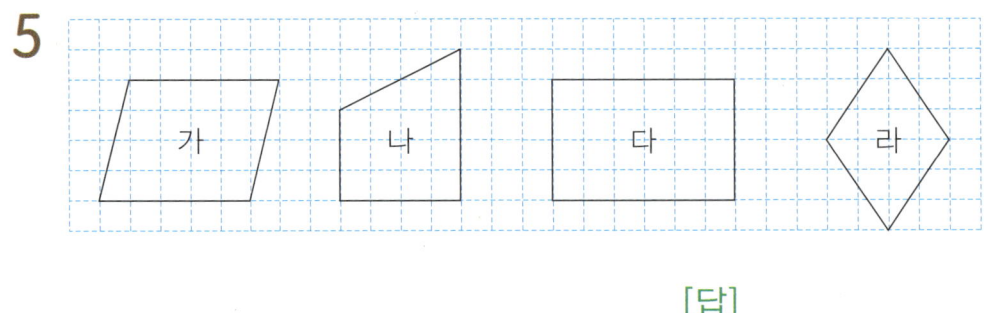

[답] _____

6
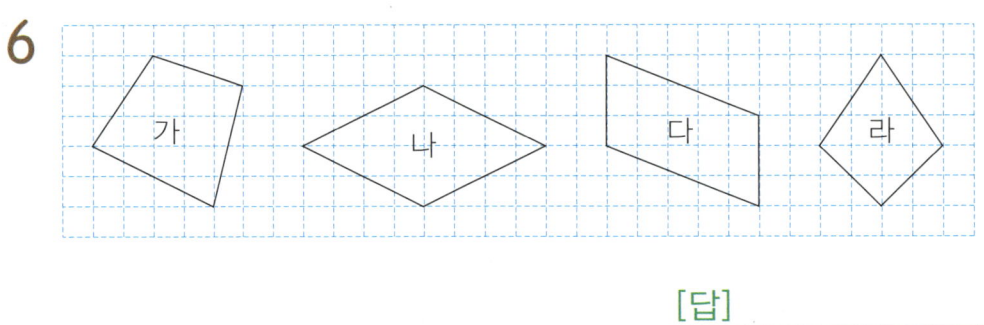

[답] _____

7 다음은 마름모입니다. ☐ 안에 알맞은 수를 써넣으시오.

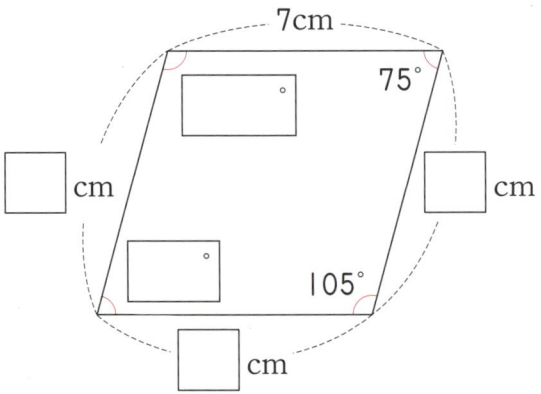

★ 이름 :

★ 날짜 :

★ 시간 :   시   분 ~   시   분

확인

◆ 마름모(2) ◆

🐸 각 점판에서 한 꼭짓점만 옮겨서 마름모를 만들어 보시오. [1~4]

1

2

3

4

🐸 주어진 선분을 이용하여 마름모를 그려 보시오. [5~6]

5

6

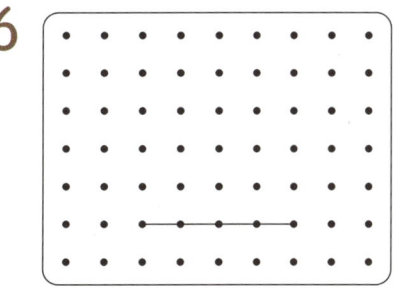

사고력 학습

7 마름모의 네 변의 길이의 합은 몇 cm입니까?

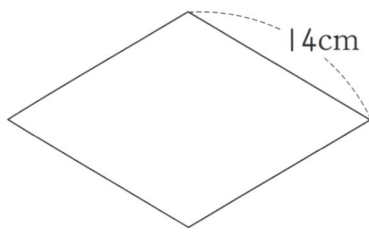

14cm

[답]

8 다음은 마름모입니다. 각 ㄴㄷㄹ의 크기는 몇 도입니까?

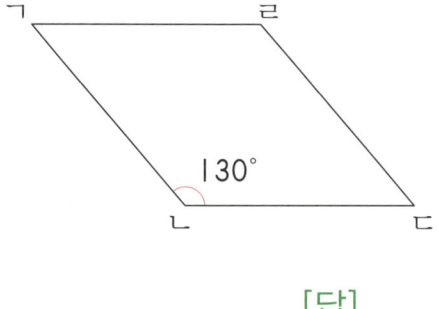

130°

[답]

9 길이가 1m인 철사를 모두 사용하여 가장 큰 마름모를 만들었습니다. 만들어 진 마름모의 한 변의 길이는 몇 cm입니까?

[답]

사고력 학습

✿ 이름 :

✿ 날짜 :

✿ 시간 :   시   분 ~   시   분

◆ **직사각형과 정사각형의 성질(1)** ◆

🐸 직사각형과 정사각형을 보고 알맞은 말에 ○표 하시오. [1~6]

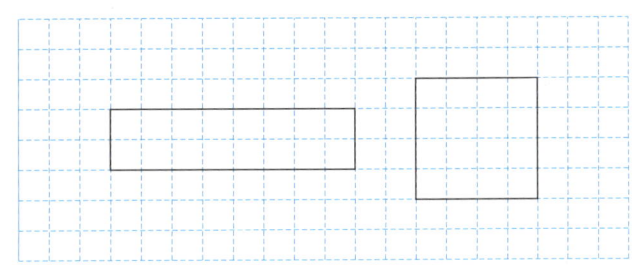

1 직사각형을 사다리꼴이라고 할 수 있습니까?

(예, 아니오)

2 직사각형을 평행사변형이라고 할 수 있습니까?

(예, 아니오)

3 직사각형을 마름모라고 할 수 있습니까?

(예, 아니오)

4 정사각형을 평행사변형이라고 할 수 있습니까?

(예, 아니오)

5 정사각형을 직사각형이라고 할 수 있습니까?

(예, 아니오)

6 정사각형을 마름모라고 할 수 있습니까?

(예, 아니오)

사고력 학습

도형을 보고 물음에 답하시오. [7~11]

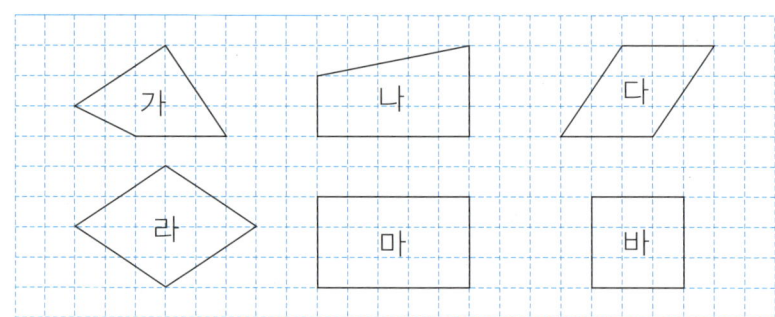

7 사다리꼴을 모두 찾아 쓰시오.

[답] _____

8 평행사변형을 모두 찾아 쓰시오.

[답] _____

9 마름모를 모두 찾아 쓰시오.

[답] _____

10 직사각형을 모두 찾아 쓰시오.

[답] _____

11 정사각형을 찾아 쓰시오.

[답] _____

H-247a

◆ **직사각형과 정사각형의 성질(2)** ◆

1 다음은 직사각형입니다. ☐ 안에 알맞은 수를 써넣으시오.

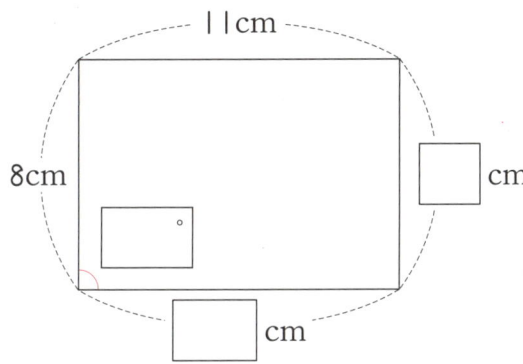

2 네 변의 길이의 합이 36cm인 정사각형의 한 변의 길이는 몇 cm입니까?

[답] _____

3 다음 조건을 모두 만족하는 사각형을 모두 고르시오. (   )

> • 마주 보는 두 쌍의 변이 평행합니다.
> • 네 변의 길이가 모두 같습니다.

① 사다리꼴   ② 평행사변형   ③ 마름모

④ 직사각형   ⑤ 정사각형

4 도형의 이름으로 볼 수 있는 것을 모두 고르시오. (   )

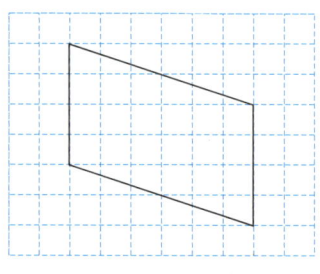

① 사다리꼴   ② 평행사변형   ③ 마름모

④ 직사각형   ⑤ 정사각형

5 직사각형은 정사각형이라고 할 수 없습니다. 그 이유를 쓰시오.

_____

_____

6 정사각형은 직사각형라고 할 수 있습니다. 그 이유를 쓰시오.

_____

_____

★ 이름 :

★ 날짜 :

★ 시간 :   시   분 ~   시   분

◆ **다각형과 정다각형(1)** ◆

- 선분으로만 둘러싸인 도형을 다각형이라고 합니다.
- 다각형을 변의 수에 따라 변이 3개이면 삼각형, 변이 4개이면 사각형, 변이 5개이면 오각형 등으로 부릅니다.
- 변의 길이가 모두 같고 각의 크기가 모두 같은 다각형을 정다각형이라고 합니다.
- 정다각형을 변의 수에 따라 변이 3개이면 정삼각형, 변이 4개이면 정사각형, 변이 5개이면 정오각형 등으로 부릅니다.

🐸 그림을 보고 물음에 답하시오. [1~2]

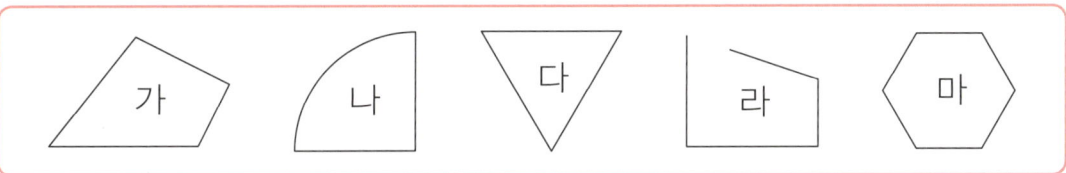

1 다각형을 모두 찾아 쓰시오.

[답]

2 정다각형을 모두 찾아 쓰시오.

[답]

사고력 학습

H-248b

🐸 다각형의 이름을 쓰시오. [3~6]

3

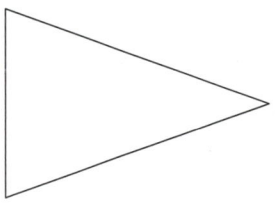

[답] _____

4

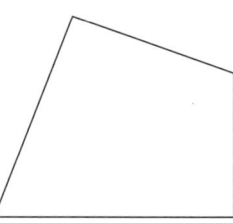

[답] _____

5

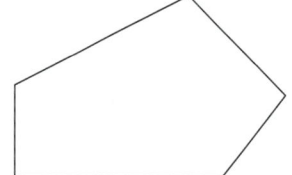

[답] _____

6

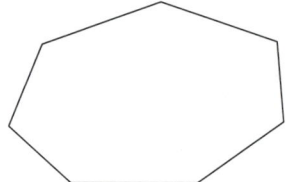

[답] _____

🐸 정다각형의 이름을 쓰시오. [7~8]

7

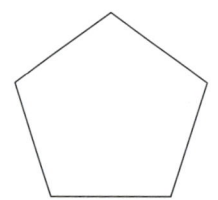

[답] _____

8

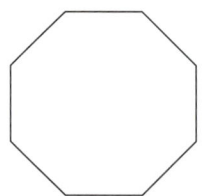

[답] _____

🚙 사고력 학습

H-249a

✿ 이름 :

✿ 날짜 :

✿ 시간 : 　시　　분 ~ 　시　　분

확인

◆ **다각형과 정다각형(2)** ◆

😊 주어진 선분을 사용하여 다음 다각형을 점판에 그리시오. [1~4]

1 　삼각형

2 　사각형

3 　오각형

4 　육각형

5 다음은 정오각형입니다. ☐ 안에 알맞은 수를 써넣으시오.

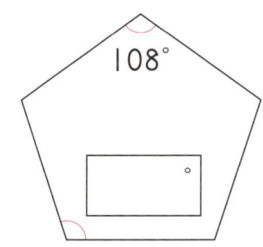

108°

°

사고력 학습

6 다음은 정칠각형입니다. 모든 변의 길이의 합은 몇 cm입니까?

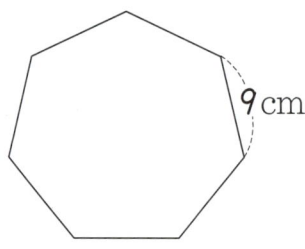

9 cm

[답] _____

7 다음 조건을 모두 만족하는 도형의 이름을 쓰시오.

> • 10개의 선분으로 둘러싸여 있습니다.
> • 변의 길이가 모두 같습니다.
> • 각의 크기가 모두 같습니다.

[답] _____

8 다음 도형이 정다각형이 아닌 이유를 쓰시오.

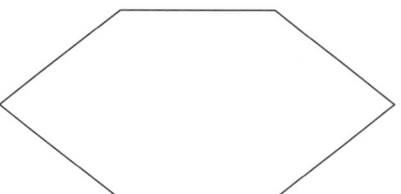

_____

_____

🌸 이름 :

🌸 날짜 :

🌸 시간 :   시   분 ~   시   분

확인

◆ **대각선** ◆

선분으로 둘러싸인 도형에서 선분 ㄱㄷ, 선분 ㄴㄹ과 같이 이웃하지 않은 두 꼭짓점을 이은 선분을 대각선이라고 합니다.

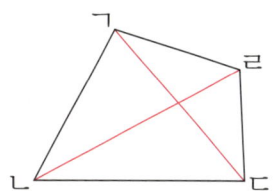

🐸 다각형에 대각선을 모두 그으시오. [1~4]

1

2
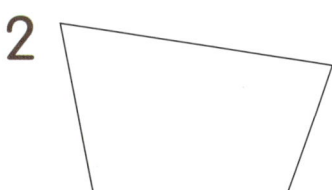

3
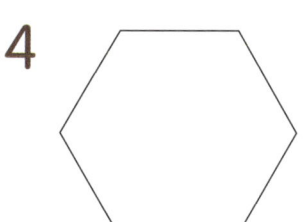

4

5 대각선을 그을 수 없는 다각형은 어느 것입니까? (   )

① 삼각형   ② 사각형   ③ 오각형

④ 칠각형   ⑤ 팔각형

H-250b

🐸 사각형을 보고 물음에 답하시오. [6~9]

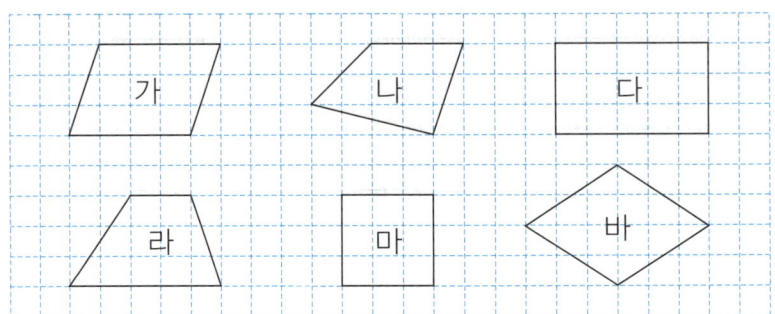

6 두 대각선의 길이가 같은 사각형을 모두 찾아 쓰시오.

[답]

7 두 대각선이 서로 수직인 사각형을 모두 찾아 쓰시오.

[답]

8 한 대각선이 다른 대각선을 반으로 나누는 것을 모두 찾아 쓰시오.

[답]

9 두 대각선이 서로 수직이고, 길이가 같은 사각형을 찾아 쓰시오.

[답]

 사고력 학습

🌸 이름 :

🌸 날짜 :

🌸 시간 :   시   분 ~   시   분

◆ **여러 가지 모양 만들기** ◆

🐸 도형 판을 보고 물음에 답하시오. [1~3]

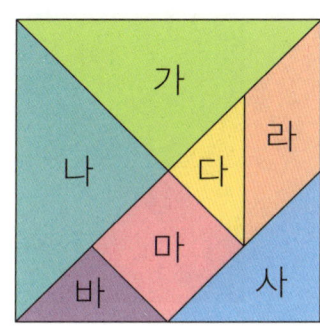

1 도형 판에서 볼 수 없는 도형은 어느 것입니까? (   )

　① 이등변삼각형　　　② 정삼각형　　　　③ 평행사변형

　④ 직사각형　　　　　⑤ 마름모

2 도형 판 다, 마, 바 3조각을 사용하여 만들 수 없는 도형은 어느 것입니까?

(   )

　① 이등변삼각형　　　② 사다리꼴　　　　③ 평행사변형

　④ 마름모　　　　　　⑤ 직사각형

3 도형 판 다, 라, 바, 사 4조각으로 다음과 같은 모양을 만들어 보시오.

(학습 자료를 사용하세요.)

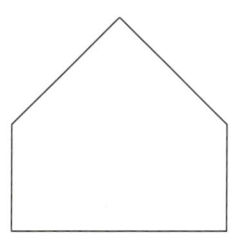

도형 판 7조각을 사용하여 다음과 같은 모양을 만들어 보시오. [4~6]

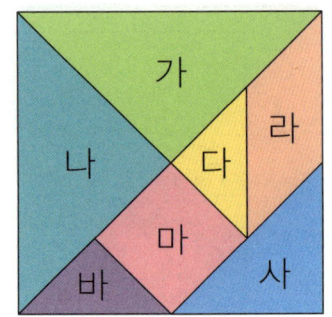

4
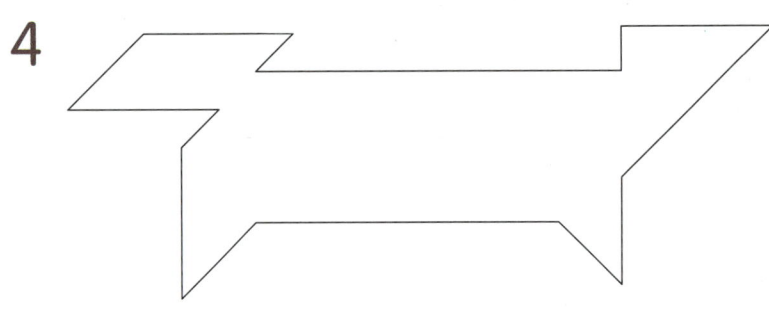

5
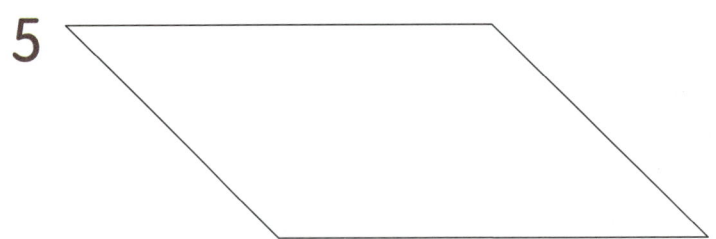

6
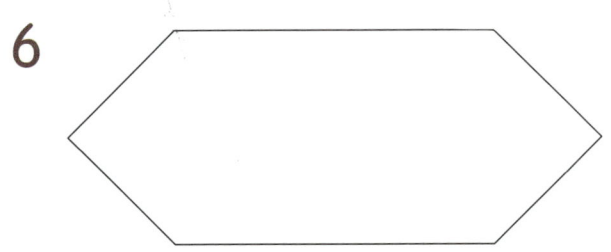

H-252a

🌸 이름 :

🌸 날짜 :

🌸 시간 :　　시　분 ~　시　분

확인

◆ **여러 가지 모양으로 덮기** ◆

1 왼쪽의 작은 직사각형을 겹치지 않게 이어 붙여서 오른쪽의 큰 직사각형을 빈틈없이 덮으시오.

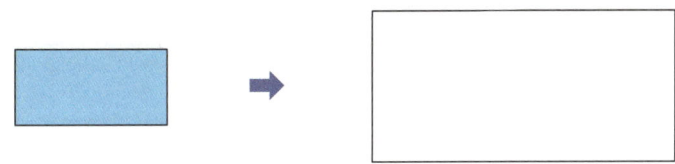

2 왼쪽의 작은 마름모를 겹치지 않게 이어 붙여서 오른쪽의 큰 마름모를 빈틈 없이 덮으시오.

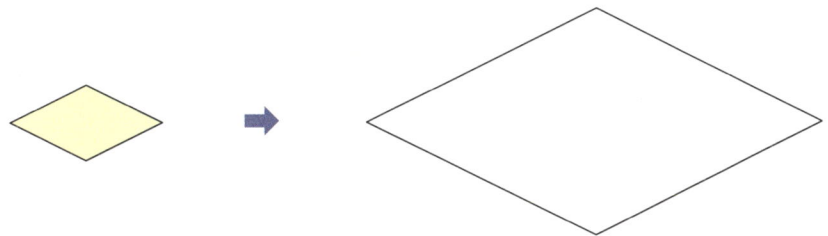

3 왼쪽의 작은 사다리꼴을 겹치지 않게 이어 붙여서 오른쪽의 큰 평행사변형을 빈틈없이 덮으시오.

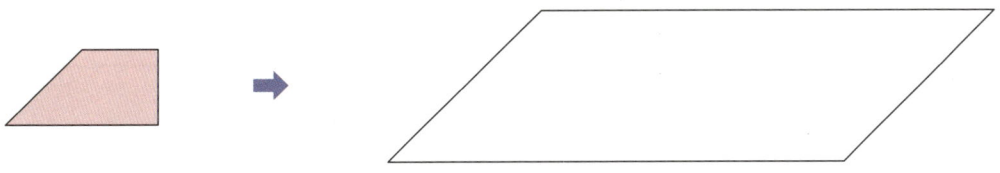

사고력 학습

왼쪽 그림은 어떤 도형으로 빈틈없이 덮고 있는지 오른쪽에 그리시오. [4~5]

4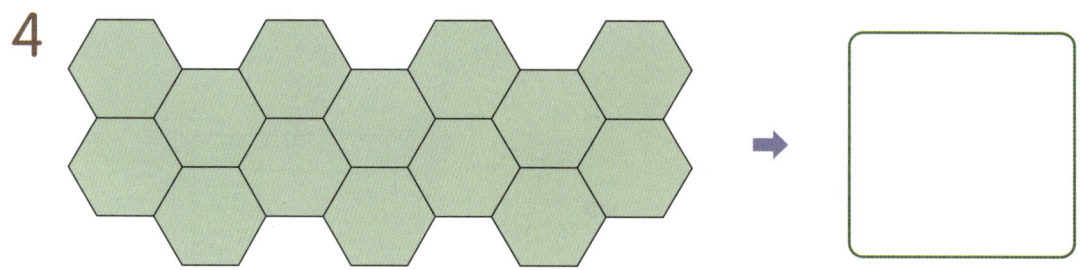

5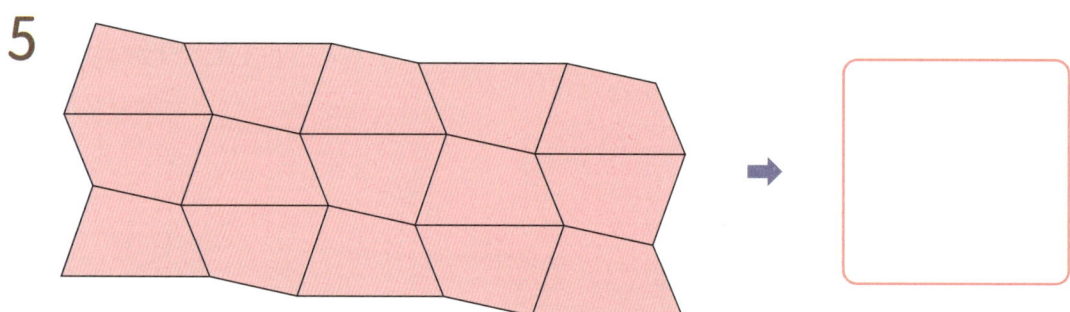

6 다음 중 바닥을 빈틈없이 덮을 수 있는 도형을 모두 찾아 기호를 쓰시오.

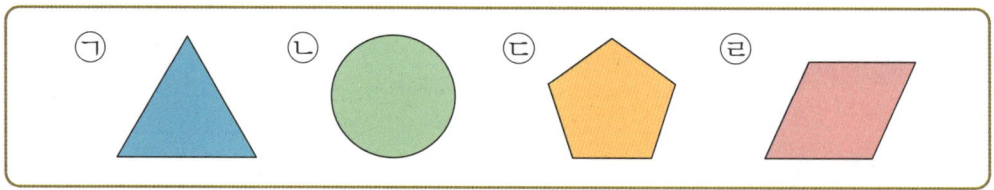

[답] _____

 사고력 학습

✿ 이름 :

✿ 날짜 :

✿ 시간 :　시　분~　시　분

확인

🔵 창의력 학습

직사각형과 마름모처럼 되고 싶어 하는 평행사변형에게 램프의 요정이 소원을 들어주기로 하였습니다. 직사각형과 마름모의 성질을 모두 갖춘 도형이 되기 위해서는 어떤 소원을 말해야 하는지 빈칸에 소원을 써넣으시오.

도형 판을 사용하여 다음과 같은 모양을 만들었습니다. 사용하지 않은 조각은 어느 것입니까?

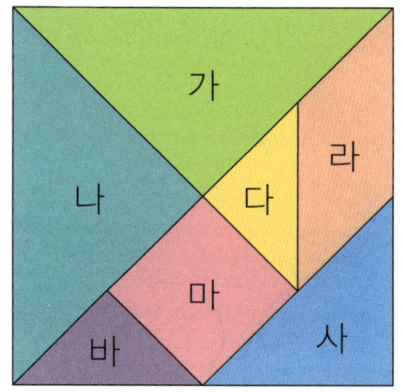

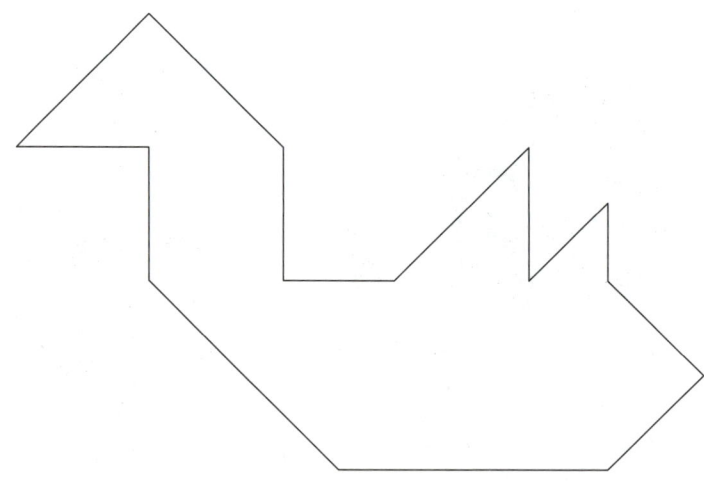

[답]

✿ 이름 :

✿ 날짜 :

✿ 시간 : 시 분 ~ 시 분

확인

 경시대회 예상문제

1 사각형 ㄱㄴㄷㄹ은 마름모입니다. 변 ㄷㅁ의 길이는 몇 cm입니까?

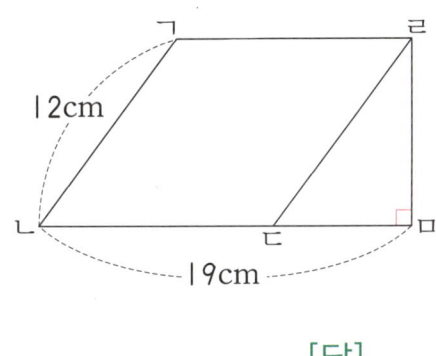

[답]

2 그림에는 크고 작은 사다리꼴이 모두 몇 개 있습니까?

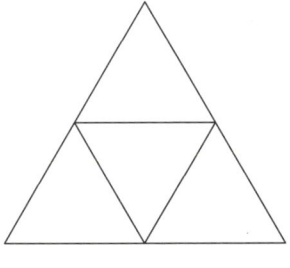

[답]

3 철사로 한 변이 10cm인 정사각형을 만들었습니다. 이 철사를 사용하여 가장 큰 정오각형을 만들려고 합니다. 한 변의 길이가 몇 cm인 정오각형을 만들 수 있습니까?

[답]

4 정육각형과 정삼각형의 한 변을 이어 붙여서 만든 도형입니다. 정육각형의 모든 변의 길이의 합은 몇 cm입니까?

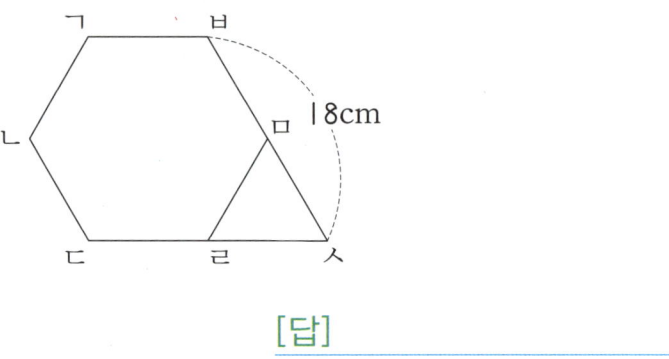

[답] _____

5 직사각형 ㄱㄴㄷㄹ에서 선분 ㄱㄷ의 길이는 몇 cm입니까?

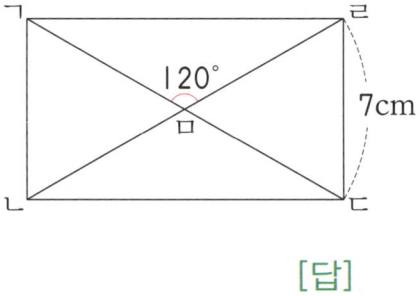

[답] _____

6 정삼각형의 변과 변을 이어 붙여서 만들 수 있는 도형을 모두 찾아 기호를 쓰시오.

㉠ 평행사변형	㉡ 마름모	㉢ 직사각형
㉣ 정사각형	㉤ 정오각형	㉥ 정육각형

[답] _____

7 다음 그림을 빈틈없이 덮을 수 있는 도형을 모두 찾아 기호를 쓰시오.

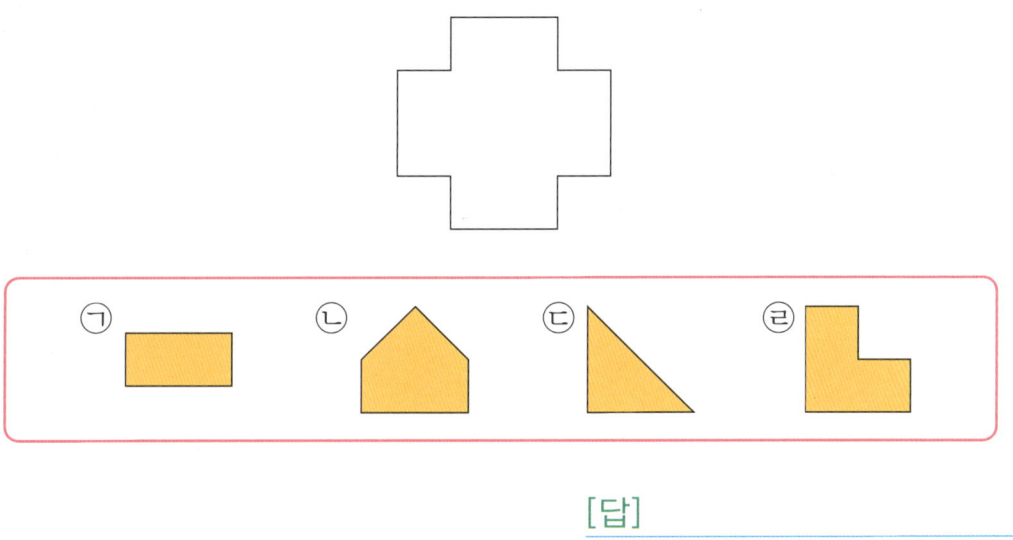

[답] _____

8 왼쪽의 도형을 겹치지 않게 이어 붙여서 오른쪽의 직사각형을 빈틈없이 덮으려고 합니다. 도형은 모두 몇 개 필요합니까?

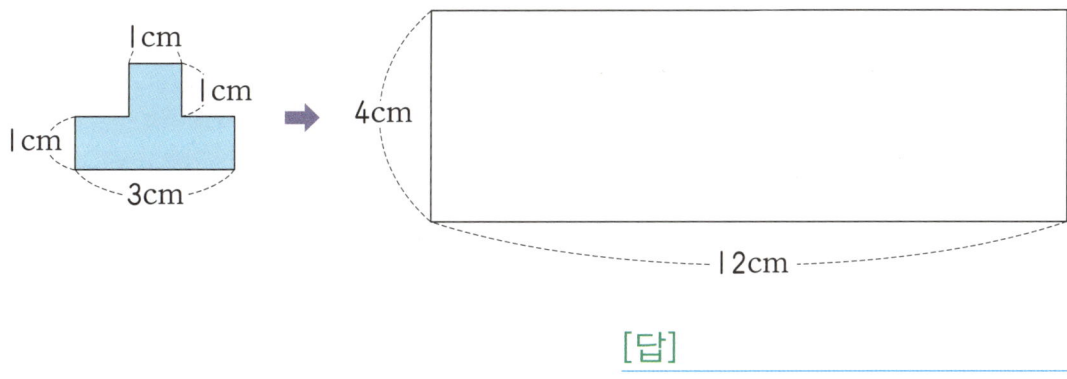

[답] _____

🐤 서술형·논술형

9 평행사변형 ㄱㄴㄷㄹ에서 각 ㄴㄷㄹ의 크기는 각 ㄱㄴㄷ의 크기의 4배입니다. 각 ㄴㄷㄹ의 크기는 몇 도인지 풀이 과정을 쓰고 답을 구하시오.

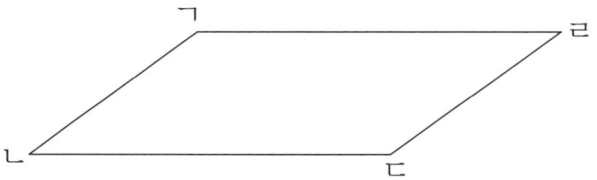

[답]

🐤 서술형·논술형

10 직사각형 모양의 종이를 다음과 같이 접었습니다. 각 ㄱㅂㅅ의 크기는 몇 도인지 풀이 과정을 쓰고 답을 구하시오.

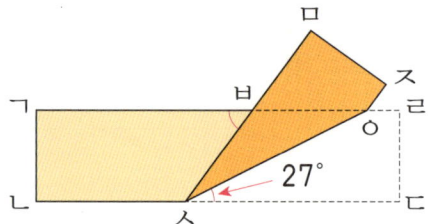

[답]

사고력도 탄탄! 창의력도 탄탄!

H5

H256a ~ H270b

학습 관리표

학습 내용		이번 주는?
평면도형의 둘레와 넓이	• 직사각형과 정사각형의 둘레 • 1cm^2 • 직사각형과 정사각형의 넓이 • 여러 가지 도형의 넓이 • 창의력 학습 • 경시대회 예상문제	• 학습 방법 : ① 매일매일　② 가끔　③ 한꺼번에 　　　　　　하였습니다. • 학습 태도 : ① 스스로 잘　② 시켜서 억지로 　　　　　　하였습니다. • 학습 흥미 : ① 재미있게　② 싫증내며 　　　　　　하였습니다. • 교재 내용 : ① 적합하다고 ② 어렵다고　③ 쉽다고 　　　　　　하였습니다.

지도 교사가 부모님께	부모님이 지도 교사께

평가	Ⓐ 아주 잘함	Ⓑ 잘함	Ⓒ 보통	Ⓓ 부족함

원(교)　　　　　　반　　이름　　　　　　전화

기초부터 탄탄하게
기탄교육

www.gitan.co.kr / (02)586-1007(대)

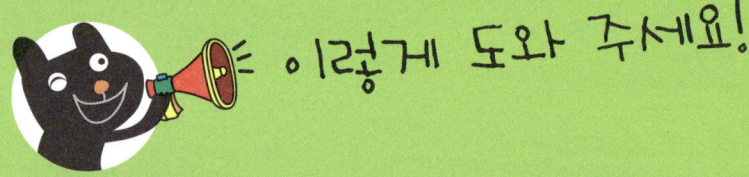

이렇게 도와 주세요!

● 학습 목표
– 도형의 둘레를 이해하고 구할 수 있습니다.
– 직사각형과 정사각형의 둘레를 구할 수 있습니다.
– 단위넓이의 필요성을 알고 $1cm^2$ 를 이해할 수 있습니다.
– 직사각형과 정사각형의 넓이를 구할 수 있습니다.
– 여러 가지 모양의 도형에 대한 둘레와 넓이를 구할 수 있습니다.

● 지도 내용
– 직사각형과 정사각형의 둘레를 구하는 방법을 이해하고 구하게 합니다.
– 도형의 넓이를 비교하는 방법을 알게 합니다.
– 단위넓이를 사용하여 직사각형의 넓이를 구해 보고, $1cm^2$ 를 이해하게 합니다.
– 직사각형의 넓이와 정사각형의 넓이 구하는 방법을 알게 합니다.
– 도형의 넓이를 여러 가지 방법으로 구하게 합니다.

● 지도 요점
일상생활과 관련된 소재를 통하여 둘레의 의미를 이해하게 하며, 직사각형과 정사각형의 둘레를 구할 수 있게 합니다.
넓이에 대한 비교를 통하여 넓이 단위의 필요성을 느끼게 하여 단위넓이로서 $1cm^2$ 의 의미를 알게 합니다.
직사각형과 정사각형의 넓이는 단위넓이의 개수를 세는 과정으로 (가로)×(세로)로 구할 수 있음을 알게 합니다.
이번 단원에서 학습하게 되는 도형의 둘레와 직사각형과 정사각형의 넓이는 앞으로 배우게 될 여러 가지 도형의 넓이와 원의 넓이, 입체도형의 겉넓이와 부피를 구하는 데 활용이 되므로 그 의미와 방법을 잘 알아두도록 합니다.

❀ 이름 :

❀ 날짜 :

❀ 시간 : 시 분 ~ 시 분

확인

◆ 직사각형과 정사각형의 둘레(1) ◆

1 직사각형의 둘레를 구하는 방법을 알아보려고 합니다. 물음에 답하시오.

(1) 모눈종이에 가로가 7cm, 세로가 3cm인 직사각형을 그려 보시오.

(2) 직사각형의 둘레는 몇 cm입니까?

[답] _____

(3) 직사각형의 둘레를 구하는 방법입니다. ☐ 안에 알맞은 수를 써넣으시오.

(직사각형의 둘레)= {(가로)+(세로)} × ☐

2 정사각형의 둘레를 구하는 방법을 알아보려고 합니다. 물음에 답하시오.

(1) 모눈종이에 한 변이 4cm인 정사각형을 그려 보시오.

(2) 정사각형의 둘레는 몇 cm입니까?

[답] _____

(3) 정사각형의 둘레를 구하는 방법입니다. ☐ 안에 알맞은 수를 써넣으시오.

(정사각형의 둘레)=(한 변) × ☐

직사각형의 둘레를 구하려고 합니다. □ 안에 알맞은 수를 써넣으시오. [3~6]

3

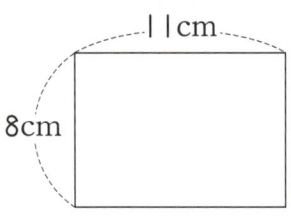

11cm
8cm

$(11 + \boxed{}) \times \boxed{} = \boxed{}$ (cm)

4

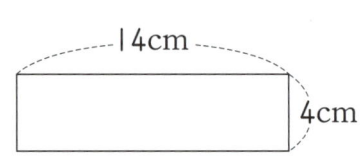

14cm
4cm

$(\boxed{} + 4) \times \boxed{} = \boxed{}$ (cm)

5

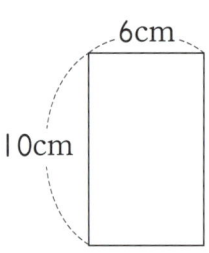

6cm
10cm

$(\boxed{} + \boxed{}) \times 2 = \boxed{}$ (cm)

6

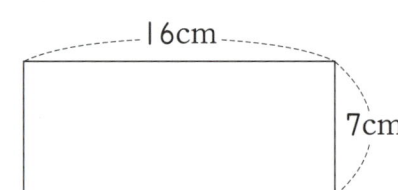

16cm
7cm

$(16 + \boxed{}) \times \boxed{} = \boxed{}$ (cm)

정사각형의 둘레를 구하려고 합니다. □ 안에 알맞은 수를 써넣으시오. [7~8]

7

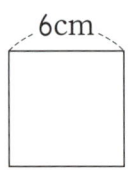

6cm

$6 \times \boxed{} = \boxed{}$ (cm)

8

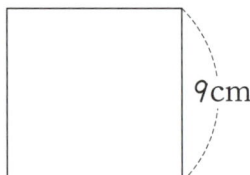

9cm

$\boxed{} \times \boxed{} = \boxed{}$ (cm)

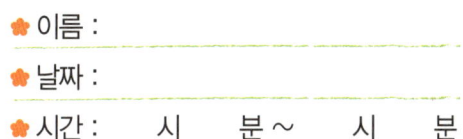

★ 이름 :

★ 날짜 :

★ 시간 :   시   분 ~   시   분

확인

◆ 직사각형과 정사각형의 둘레(2) ◆

🐸 직사각형의 둘레를 구하시오. [1~6]

1

10cm
4cm

[답]

2

12cm
6cm

[답]

3

8cm
7cm

[답]

4

16cm
5cm

[답]

5

18cm
7cm

[답]

6

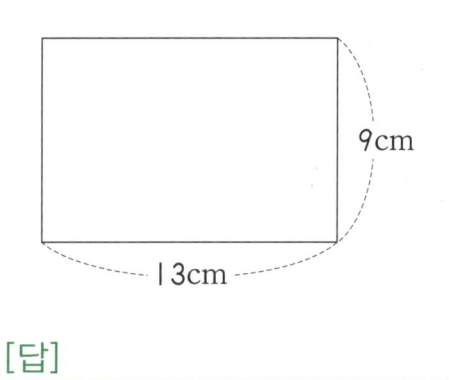

9cm
13cm

[답]

사고력 학습

😃 정사각형의 둘레를 구하시오. [7~12]

7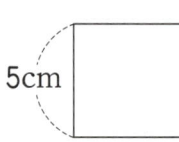

5cm

[답] _____

8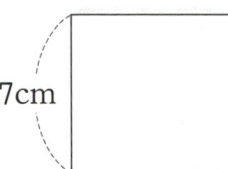

7cm

[답] _____

9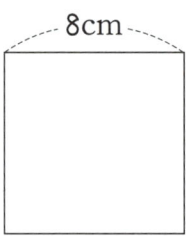

8cm

[답] _____

10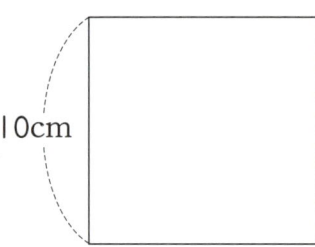

10cm

[답] _____

11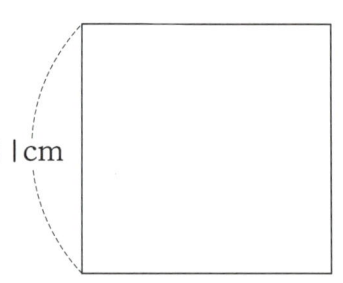

11cm

[답] _____

12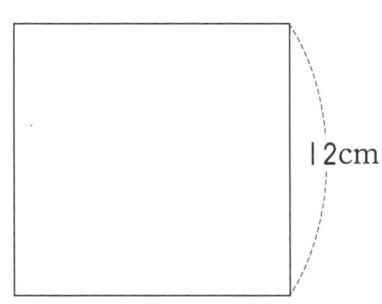

12cm

[답] _____

★ 이름 :

★ 날짜 :

★ 시간 : 시   분 ~   시   분

확인

◆ **직사각형과 정사각형의 둘레(3)** ◆

🐸 직사각형의 둘레가 다음과 같을 때, ☐ 안에 알맞은 수를 써넣으시오. [1~4]

1

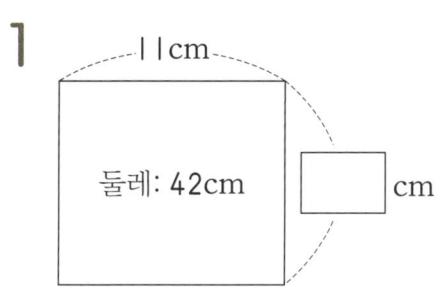

11cm

둘레: 42cm   ☐ cm

2

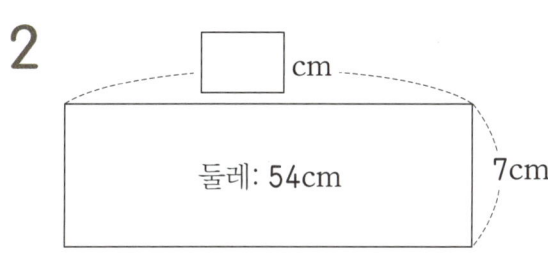

☐ cm

둘레: 54cm   7cm

3

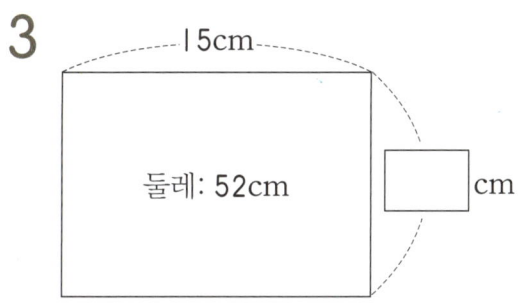

15cm

둘레: 52cm   ☐ cm

4

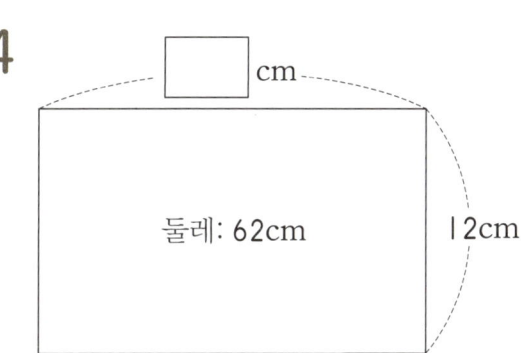

☐ cm

둘레: 62cm   12cm

🐸 정사각형의 둘레가 다음과 같을 때, ☐ 안에 알맞은 수를 써넣으시오. [5~6]

5

☐ cm

둘레: 36cm

6

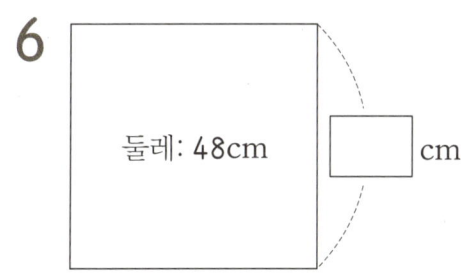

둘레: 48cm   ☐ cm

7 모눈종이에 둘레가 18cm인 직사각형을 그려 보시오.

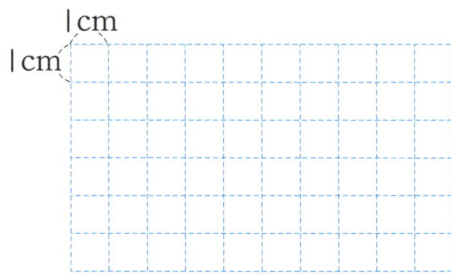

8 모눈종이에 둘레가 16cm인 정사각형을 그려 보시오.

9 모눈 한 칸의 길이가 1cm인 모눈종이에 둘레가 14cm인 서로 다른 직사각형을 3개 그려 보시오.

✿ 이름 :

✿ 날짜 :

✿ 시간 :　시　분 ~ 　시　분

확인

◆ 직사각형과 정사각형의 둘레(4) ◆

1 지수의 방에 있는 거울은 가로가 50cm, 세로가 120cm인 직사각형 모양입니다. 이 거울의 둘레는 몇 cm입니까?

[답]

2 한 변이 30cm인 정사각형 모양의 시계가 있습니다. 이 시계의 둘레는 몇 cm입니까?

[답]

3 세로가 8cm이고, 둘레가 46cm인 직사각형 모양의 엽서가 있습니다. 이 엽서의 가로는 몇 cm입니까?

[답]

4 둘레가 100cm인 정사각형 모양의 액자가 있습니다. 이 액자의 한 변은 몇 cm입니까?

[답]

사고력 학습

5 둘레가 큰 도형부터 차례로 기호를 쓰시오.

> ㉠ 가로가 11cm, 세로가 18cm인 직사각형
> ㉡ 가로가 14cm, 세로가 12cm인 직사각형
> ㉢ 한 변이 15cm인 정사각형

[답] _____

6 다음 직사각형과 정사각형의 둘레는 같습니다. 정사각형의 한 변은 몇 cm인지 ☐ 안에 알맞은 수를 써넣으시오.

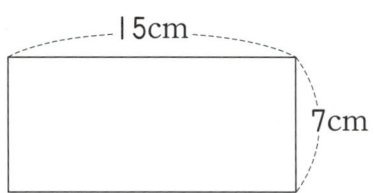

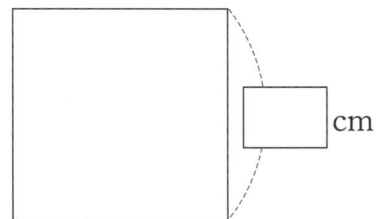

7 오른쪽 도형에서 작은 정사각형의 한 변이 1cm일 때, 도형의 둘레를 구하시오.

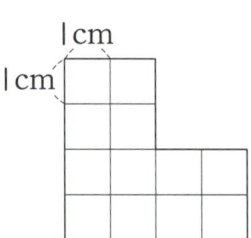

[답] _____

❀ 이름 :

❀ 날짜 :

❀ 시간 :　　시　　분 ~ 　시　　분

확인

◆ **1cm²(1)** ◆

도형의 넓이를 나타낼 때에는 한 변의 길이가 1cm인 정사각형의 넓이를 단위넓이로 사용합니다. 이 정사각형의 넓이를 1cm²라 하고 1 제곱센티미터라고 읽습니다.

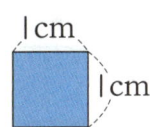

$$1cm^2$$

🐸 넓이가 같은 도형끼리 짝지어 보시오. [1~2]

1

가　나　다　라　마

[답] _____

2

가　나　라　다　마

[답] _____

도형의 넓이는 단위넓이의 몇 배인지 구하시오. [3~8]

 단위넓이

3

[답] _____

4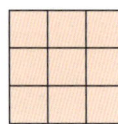

[답] _____

5

[답] _____

6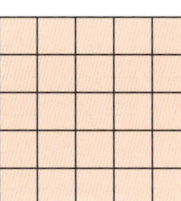

[답] _____

7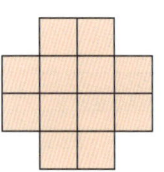

[답] _____

8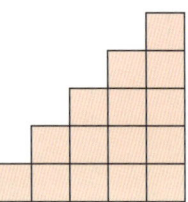

[답] _____

✿ 이름 :

✿ 날짜 :

✿ 시간 : 　시 　분 ~ 　시 　분

◆ 1cm^2(2) ◆

😊 모눈 한 칸의 넓이가 1cm^{2}일 때, 도형의 넓이를 구하시오. [1~6]

1
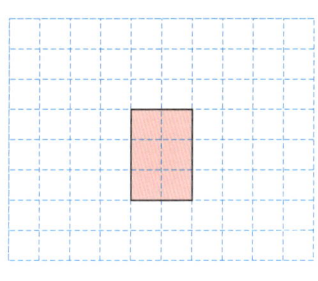

[답]

2
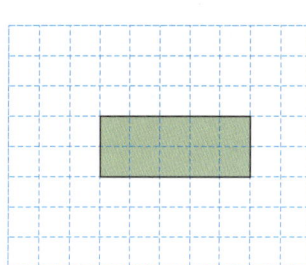

[답]

3
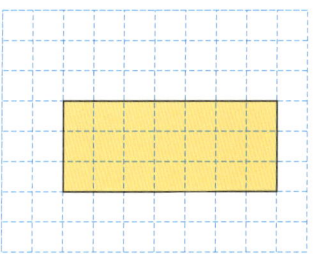

[답]

4
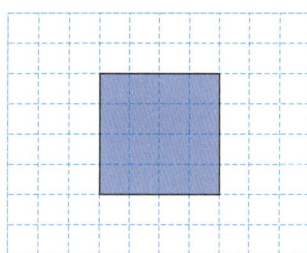

[답]

5
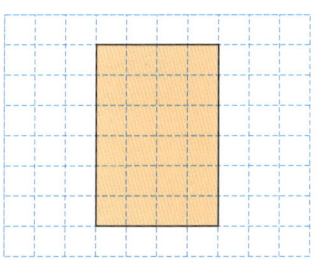

[답]

6
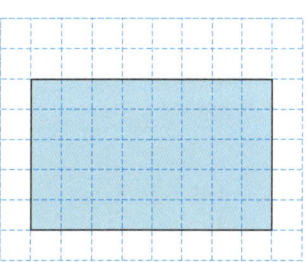

[답]

🐸 직사각형의 넓이를 구하시오. [7~12]

7
1cm
1cm

[답] _____

8
1cm
1cm

[답] _____

9
1cm
1cm

[답] _____

10
1cm
1cm

[답] _____

11
1cm
1cm

[답] _____

12
1cm
1cm

[답] _____

🚗 사고력 학습

❀ 이름 :

❀ 날짜 :

❀ 시간 :   시   분 ~   시   분

확인

◆ **직사각형과 정사각형의 넓이(1)** ◆

1 오른쪽 직사각형을 보고 물음에 답하시오.

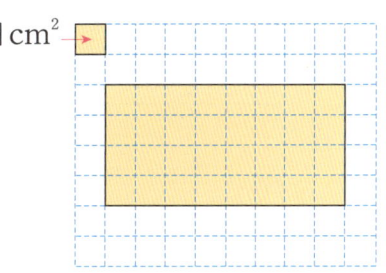

1cm²

(1) 직사각형에는 넓이가 1cm²인 단위넓이가

   몇 개 있습니까?

   [답]

(2) 직사각형의 넓이를 구하려고 합니다. ☐ 안에 알맞은 수를 써넣으시오.

   (직사각형의 넓이)＝(가로)×(세로)

   $= 8 \times \boxed{}$

   $= \boxed{} (cm^2)$

2 오른쪽 정사각형을 보고 물음에 답하시오.

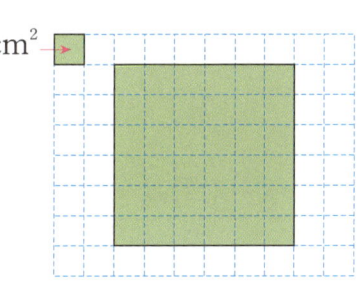

1cm²

(1) 정사각형에는 넓이가 1cm²인 단위넓이가

   몇 개 있습니까?

   [답]

(2) 정사각형의 넓이를 구하려고 합니다. ☐ 안에 알맞은 수를 써넣으시오.

   (정사각형의 넓이)＝(한 변)×(한 변)

   $= 6 \times \boxed{}$

   $= \boxed{} (cm^2)$

직사각형의 넓이를 구하려고 합니다. ☐ 안에 알맞은 수를 써넣으시오. [3~6]

3

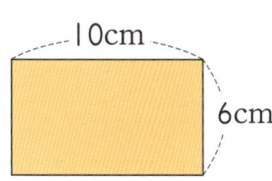

10cm
6cm

10 × ☐ = ☐ (cm²)

4

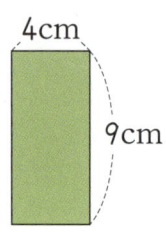

4cm
9cm

☐ × 9 = ☐ (cm²)

5

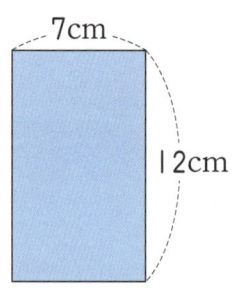

7cm
12cm

☐ × ☐ = ☐ (cm²)

6

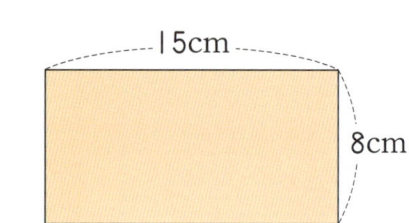

15cm
8cm

☐ × ☐ = ☐ (cm²)

정사각형의 넓이를 구하려고 합니다. ☐ 안에 알맞은 수를 써넣으시오. [7~8]

7

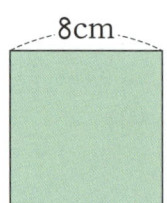

8cm

☐ × ☐ = ☐ (cm²)

8

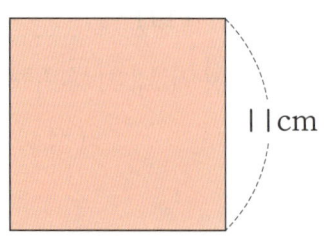

11cm

☐ × ☐ = ☐ (cm²)

이름 :

날짜 :

시간 : 시 분 ~ 시 분

확인

◆ **직사각형과 정사각형의 넓이(2)** ◆

🐸 직사각형의 넓이를 구하시오. [1~6]

1
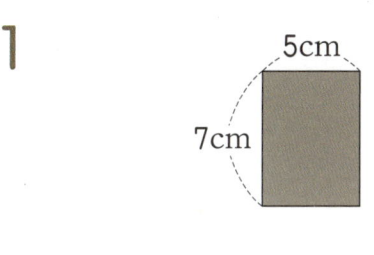
5cm
7cm

[답]

2
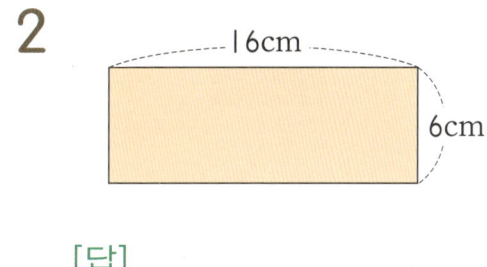
16cm
6cm

[답]

3
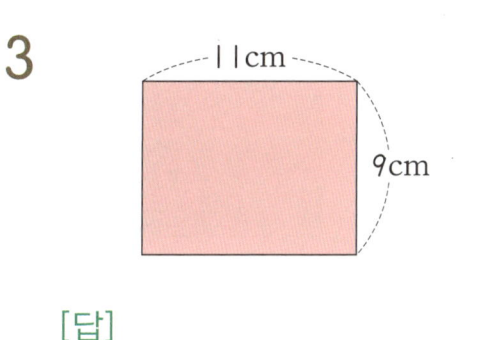
11cm
9cm

[답]

4
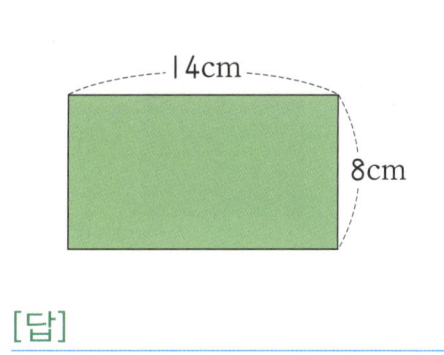
14cm
8cm

[답]

5
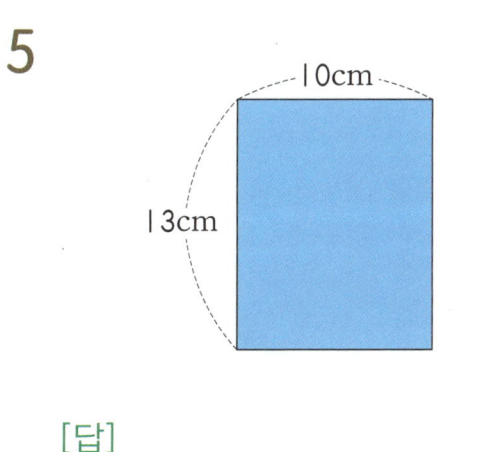
10cm
13cm

[답]

6
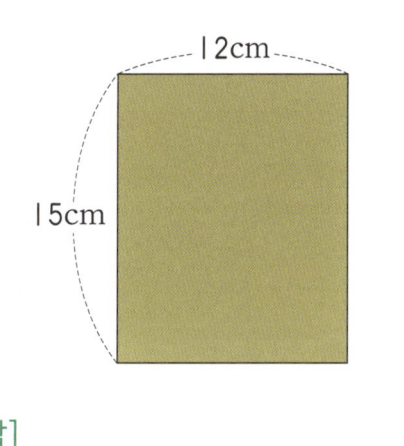
12cm
15cm

[답]

정사각형의 넓이를 구하시오. [7~12]

7

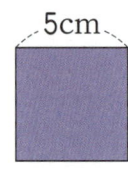

5cm

[답] _____

8

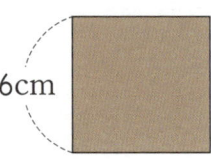

6cm

[답] _____

9

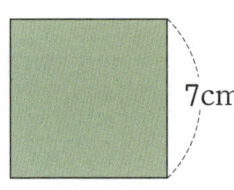

7cm

[답] _____

10

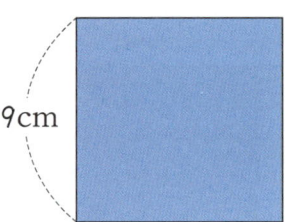

9cm

[답] _____

11

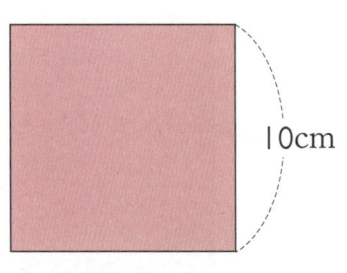

10cm

[답] _____

12

12cm

[답] _____

확인

◆ 직사각형과 정사각형의 넓이(3) ◆

🐸 직사각형의 넓이가 다음과 같을 때, ☐ 안에 알맞은 수를 써넣으시오. [1~4]

1

☐ cm

넓이: 45cm² ⌐ 5cm

2

7cm

넓이: 56cm² ⌐ ☐ cm

3

☐ cm

넓이: 132cm² ⌐ 11cm

4

15cm

넓이: 90cm² ⌐ ☐ cm

🐸 정사각형의 넓이가 다음과 같을 때, ☐ 안에 알맞은 수를 써넣으시오. [5~6]

5

넓이: 49cm² ⌐ ☐ cm

6

넓이: 100cm² ⌐ ☐ cm

7 가로가 6cm, 세로가 8cm인 직사각형 모양의 메모장이 있습니다. 이 메모장의 넓이는 몇 cm²입니까?

[답] _____

8 한 변이 13cm인 정사각형 모양의 색종이가 있습니다. 이 색종이의 넓이는 몇 cm²입니까?

[답] _____

9 세로가 25cm이고, 넓이가 375cm²인 직사각형 모양의 공책이 있습니다. 이 공책의 가로는 몇 cm입니까?

[답] _____

10 넓이가 더 넓은 도형을 찾아 쓰시오.

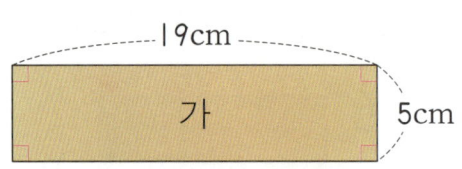

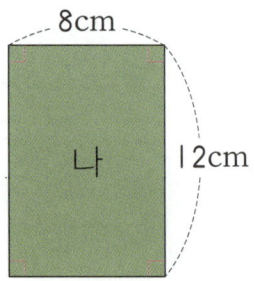

[답] _____

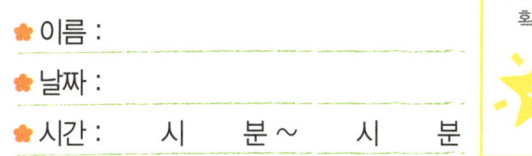

❀ 이름 :

❀ 날짜 :

❀ 시간 :   시   분 ~   시   분

확인

◆ **여러 가지 도형의 넓이(1)** ◆

🐸 오른쪽 도형의 넓이를 구하려고 합니다. 물음에 답하시오. [1~3]

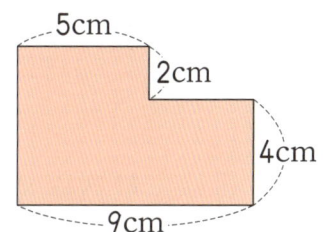

1 도형을 세로로 나누어 넓이를 구하시오.

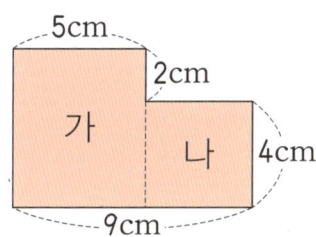

(도형의 넓이) = (가의 넓이) + (나의 넓이)

= ☐ + ☐

= ☐ (cm²)

2 도형을 가로로 나누어 넓이를 구하시오.

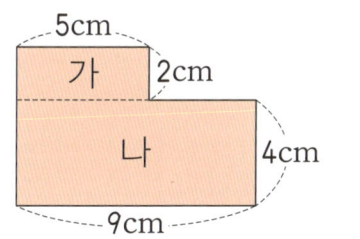

(도형의 넓이) = (가의 넓이) + (나의 넓이)

= ☐ + ☐

= ☐ (cm²)

3 전체에서 일부분을 빼어 넓이를 구하시오.

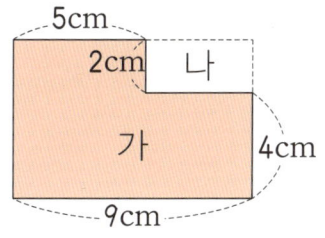

(도형의 넓이) = (가 + 나의 넓이) − (나의 넓이)

= ☐ − ☐

= ☐ (cm²)

🐸 오른쪽 도형에서 색칠한 부분의 넓이를 구하려고 합니다.
물음에 답하시오. [4~6]

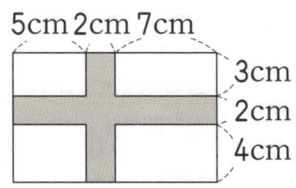

4 색칠한 부분을 세로로 나누어 넓이를 구하시오.

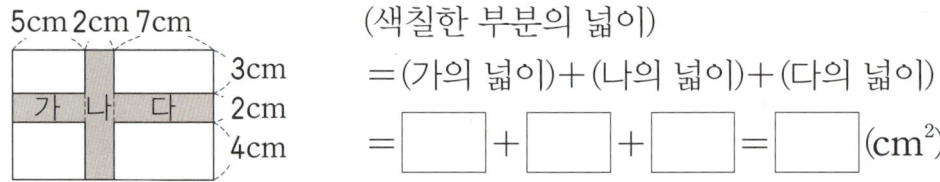

(색칠한 부분의 넓이)

= (가의 넓이) + (나의 넓이) + (다의 넓이)

= ☐ + ☐ + ☐ = ☐ (cm²)

5 색칠한 부분을 가로로 나누어 넓이를 구하시오.

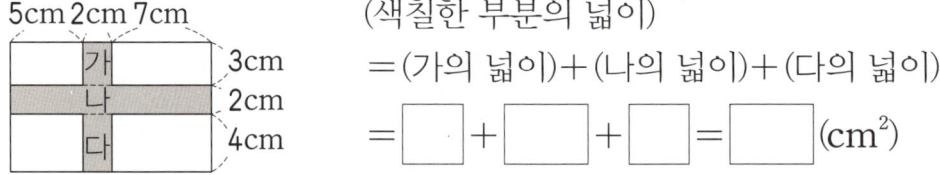

(색칠한 부분의 넓이)

= (가의 넓이) + (나의 넓이) + (다의 넓이)

= ☐ + ☐ + ☐ = ☐ (cm²)

6 전체에서 색칠되지 않은 부분을 빼어 넓이를 구하시오.

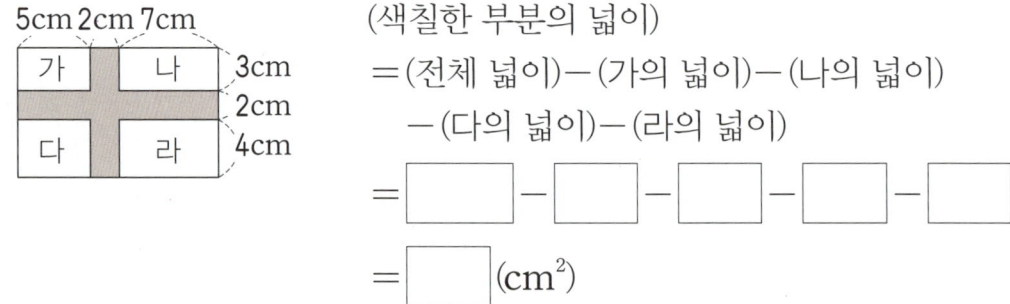

(색칠한 부분의 넓이)

= (전체 넓이) − (가의 넓이) − (나의 넓이)

  − (다의 넓이) − (라의 넓이)

= ☐ − ☐ − ☐ − ☐ − ☐

= ☐ (cm²)

★ 이름 :

★ 날짜 :

★ 시간 :　　시　　분 ~　　시　　분

◆ **여러 가지 도형의 넓이(2)** ◆

🐸 도형의 넓이를 구하시오. [1~3]

1

6cm 가
3cm
나 10cm
10cm

가의 넓이 _____

나의 넓이 _____

도형의 넓이 _____

2

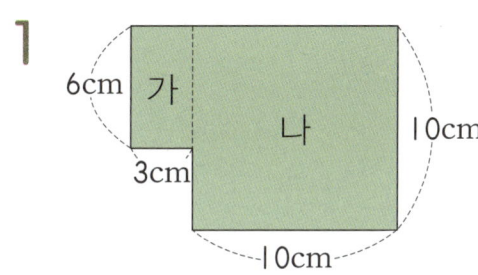

5cm
가
4cm
나
4cm
다
4cm

가의 넓이 _____

나의 넓이 _____

다의 넓이 _____

도형의 넓이 _____

3

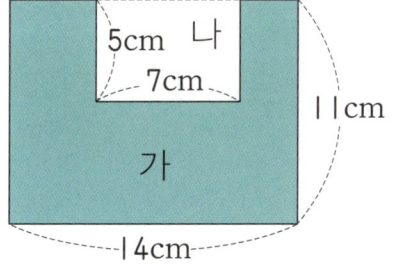

5cm 나
7cm
11cm
가
14cm

가와 나의 넓이 _____

나의 넓이 _____

도형의 넓이 _____

사고력 학습

🐸 색칠한 도형의 넓이를 구하시오. [4~9]

4
5cm
4cm
2cm
2cm
2cm
3cm

[답]

5
6cm
2cm
3cm
6cm

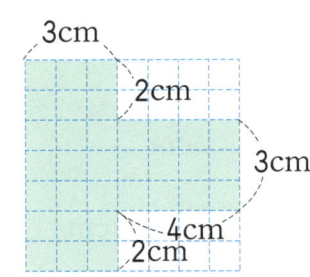

[답]

6
9cm
7cm
5cm
6cm
2cm
3cm

[답]

7
3cm
2cm
3cm
4cm
2cm

[답]

8
8cm
6cm
4cm
3cm

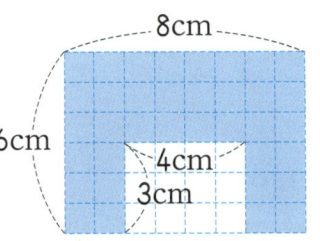

[답]

9
4cm
2cm
2cm
2cm
2cm
2cm

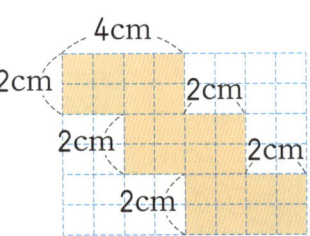

[답]

🌟 이름 :

🌟 날짜 :

🌟 시간 :   시 분 ~   시 분

확인

◆ **여러 가지 도형의 넓이(3)** ◆

😊 도형의 넓이를 구하시오. [1~6]

1
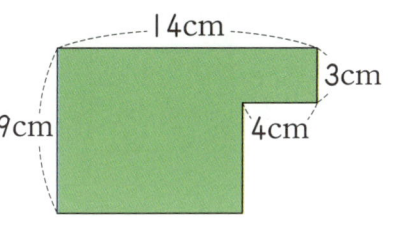

[답]

2
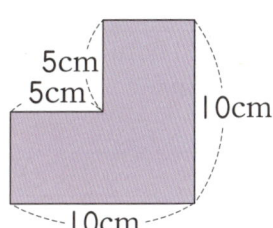

[답]

3
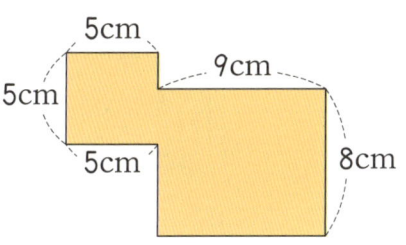

[답]

4
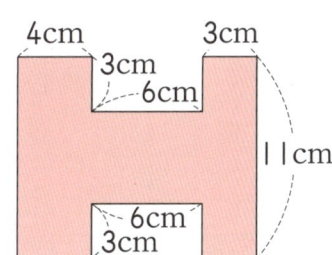

[답]

5
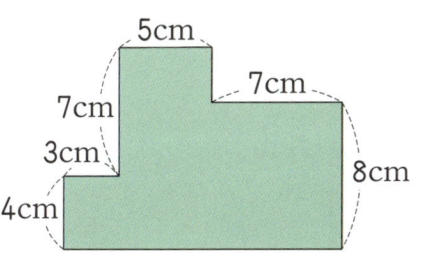

[답]

6
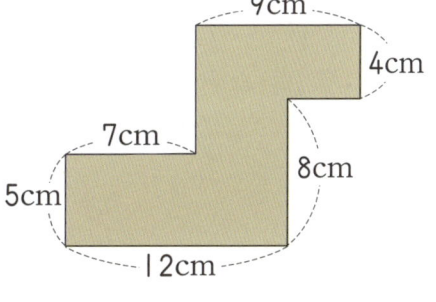

[답]

🐸 색칠한 도형의 넓이를 구하시오. [7~10]

7

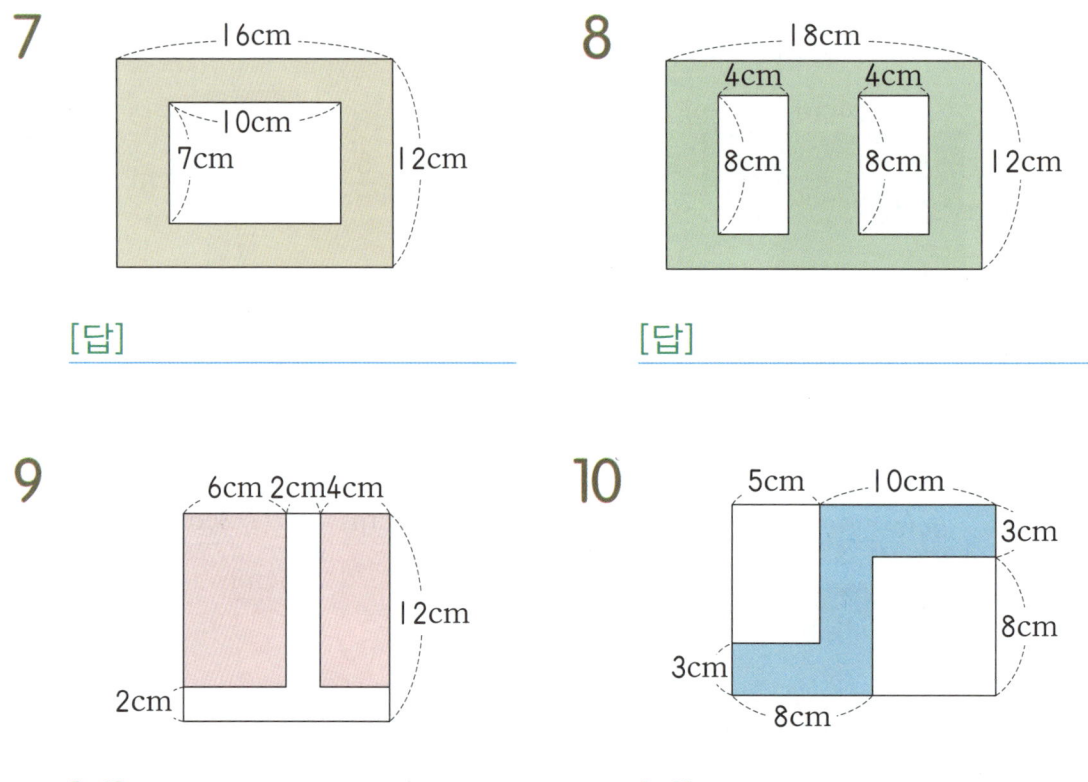

16cm
10cm
7cm
12cm

[답] _____

8

18cm
4cm 4cm
8cm 8cm
12cm

[답] _____

9

6cm 2cm 4cm
12cm
2cm

[답] _____

10

5cm 10cm
3cm
8cm
3cm
8cm

[답] _____

11 파란색 부분의 넓이와 노란색 부분의 넓이 중 어느 쪽이 몇 cm² 더 넓습니까?

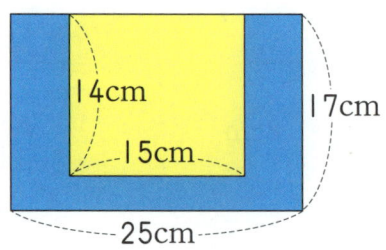

14cm
15cm
17cm
25cm

(파란색, 노란색) 부분의 넓이가 _____ cm² 더 넓습니다.

★ 이름 :

★ 날짜 :

★ 시간 :　　시　　분 ~　　시　　분

확인

🌐 창의력 학습

문구점에서 한 변이 10cm인 정사각형 모양의 색지를 1000원에 팔고 있습니다.
수진이는 한 변이 10cm의 2배인 정사각형 모양의 색지를 주문하고, 1000원의
2배인 2000원을 내었더니 문구점 아저씨께서 계산이 잘못되었다고 하셨습니다.
한 변이 10cm의 2배인 정사각형 모양의 색지의 가격은 얼마인지 구하시오.

[답]

모눈 한 칸의 길이가 1cm인 모눈종이에 둘레가 28cm인 직사각형을 그리려고 합니다. 그중에서 넓이가 가장 큰 직사각형을 그려 보시오.

1cm

1cm

 **경시대회 예상문제**

1 둘레가 76cm인 정사각형의 넓이를 구하시오.

[답]

2 가로가 17cm이고, 넓이가 204cm²인 직사각형이 있습니다. 이 직사각형의 둘레를 구하시오.

[답]

3 둘레가 42cm이고, 가로가 세로의 2배인 직사각형의 넓이를 구하시오.

[답]

4 다음 직사각형과 넓이가 같은 정사각형을 그리려고 합니다. 한 변을 몇 cm 로 그리면 됩니까?

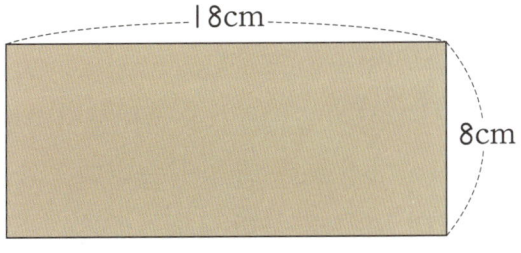

[답]

5 색칠한 부분의 넓이를 구하시오.

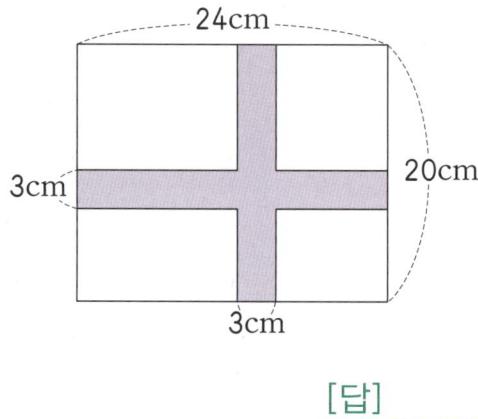

[답]

6 직사각형 안에 반지름이 **4cm**인 원이 다음과 같이 겹치지 않게 이어 붙어 있습니다. 직사각형의 넓이를 구하시오.

[답]

7 둘레가 **44cm**인 정사각형이 있습니다. 이 정사각형을 가로는 **5cm** 늘이고, 세로는 **3cm** 줄여서 직사각형을 만들었습니다. 직사각형의 넓이는 정사각형의 넓이보다 몇 cm^2 더 넓은지 구하시오.

[답]

8 정사각형 4개를 다음과 같이 이어 붙여 직사각형을 만들었습니다. 가장 작은 정사각형의 둘레가 16cm일 때, 직사각형의 둘레를 구하시오.

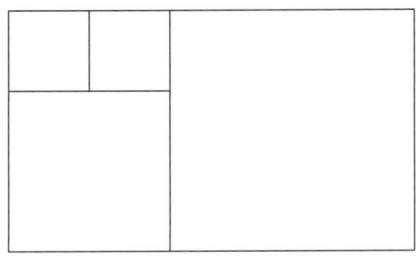

[답] _____

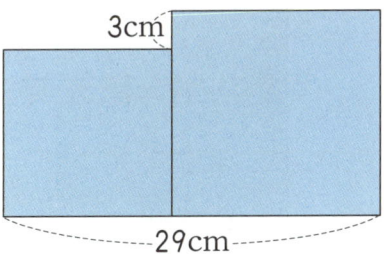

9 다음 도형은 크기가 다른 정사각형 2개를 겹치지 않게 이어 붙인 것입니다. 이 도형의 둘레는 몇 cm인지 풀이 과정을 쓰고 답을 구하시오.

3cm

29cm

[답] _____

경시대회 예상문제

10 다음은 정사각형과 직사각형을 겹치지 않게 이어 붙여 만든 도형입니다. 직사각형 ㄱㄴㄷㄹ의 넓이가 114cm²일 때, 이 도형의 둘레를 구하시오.

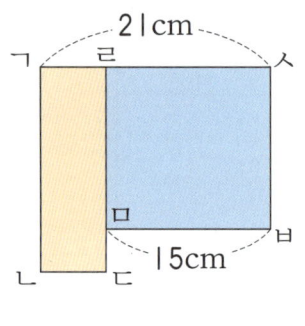

[답]

11 정사각형 ㄱㄴㄷㄹ과 직사각형 ㅁㄴㅂㅅ을 다음과 같이 겹쳐 놓았습니다. 정사각형과 직사각형의 넓이가 같은 때, 겹쳐진 부분의 넓이는 몇 cm²인지 풀이 과정을 쓰고 답을 구하시오.

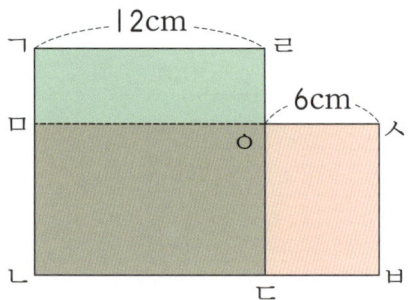

[답]

기탄고력수학

사고력도 탄탄! 창의력도 탄탄!

H5

🦆 H271a ~ H285b

학습 관리표

학습 내용		이번 주는?
수의 범위와 어림	• 이상과 이하 • 초과와 미만 • 수의 범위 • 올림과 버림 • 반올림 • 어림의 활용 • 창의력 학습 • 경시대회 예상문제	• 학습 방법 : ① 매일매일 ② 가끔 ③ 한꺼번에 　　　　　하였습니다. • 학습 태도 : ① 스스로 잘 ② 시켜서 억지로 　　　　　하였습니다. • 학습 흥미 : ① 재미있게 ② 싫증내며 　　　　　하였습니다. • 교재 내용 : ① 적합하다고 ② 어렵다고 ③ 쉽다고 　　　　　하였습니다.

지도 교사가 부모님께	부모님이 지도 교사께

평가	Ⓐ 아주 잘함	Ⓑ 잘함	Ⓒ 보통	Ⓓ 부족함

원(교)　　　　반　　이름　　　　　전화

기초부터 탄탄하게
G 기탄교육

www.gitan.co.kr / (02)586-1007(대)

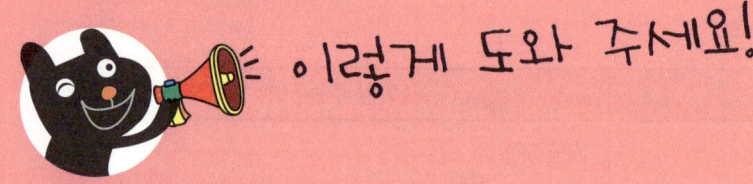
이렇게 도와 주세요!

● 학습 목표
- 이상, 이하, 초과, 미만의 뜻을 이해할 수 있습니다.
- 이상과 이하, 초과와 미만을 사용하여 수의 범위를 나타낼 수 있습니다.
- 올림, 버림, 반올림의 뜻을 이해할 수 있습니다.
- 어림의 의미를 알고 이를 생활에 활용할 수 있습니다.

● 지도 내용
- 이상, 이하, 초과, 미만의 범위에 속하는 수를 찾아 보게 합니다.
- 이상, 이하, 초과, 미만의 수를 수직선에 나타내게 합니다.
- 수직선에 나타낸 것을 보고 수의 범위를 알게 합니다.
- 이상, 이하, 초과, 미만의 활용을 통하여 여러 가지 문제를 해결하게 합니다.
- 올림, 버림, 반올림의 뜻을 이해하고 구하고자 하는 수를 어림하게 합니다.
- 올림, 버림, 반올림의 활용을 통하여 여러 가지 문제를 해결하게 합니다.

● 지도 요점
이 단원에서는 일상생활 장면에서 이상, 이하, 초과, 미만의 쓰임과 의미를 이해
하고 수의 범위를 나타낼 수 있도록 합니다. 또한 올림, 버림, 반올림의 의미와 필
요성을 느끼도록 지도합니다. 어림의 용어를 사용하여 일상생활에서도 활용되는
곳을 찾을 수 있도록 하며 과제와 문제 해결에 활용될 수 있도록 합니다.

◆ 이상과 이하(1) ◆

- 20, 21, 22, 23 등과 같이 20과 같거나 큰 수를 20 이상인 수라고 합니다.

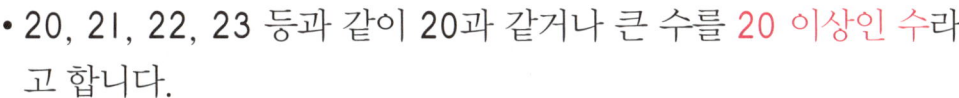

- 15, 14, 13, 12 등과 같이 15와 같거나 작은 수를 15 이하인 수라고 합니다.

산하네 모둠 학생들의 수학 성적을 나타낸 표입니다. 물음에 답하시오. [1~2]

학생들의 수학 성적

이름	성적(점)	이름	성적(점)	이름	성적(점)
산하	88	영철	95	기웅	81
지우	92	성은	79	미주	90
현숙	76	용호	88	소희	86

1 산하와 수학 성적이 같거나 높은 학생은 누구누구입니까?

[답]

2 산하와 수학 성적이 같거나 낮은 학생은 누구누구입니까?

[답]

🐸 진희네 반 학생들의 키를 나타낸 표입니다. 물음에 답하시오. [3~5]

학생들의 키

이름	키(cm)	이름	키(cm)	이름	키(cm)
진희	140.5	보연	146.6	형진	149.6
형태	151.7	서영	134.8	하진	133.5
나윤	136.2	영환	152.4	선영	147.1

3 키가 150cm 이상인 학생은 누구누구입니까?

[답] _____

4 키가 140cm 이하인 학생은 누구누구입니까?

[답] _____

5 키가 145cm 이상 148cm 이하인 학생은 누구누구입니까?

[답] _____

6 알맞은 말에 ◯표 하시오.

> 제한 속도가 80km인 도로에서 속도위반을 하지 않으려면 80km (이상,
> 이하)(으)로 달려야 합니다.

🚗 사고력 학습

◆ **이상과 이하(2)** ◆

1 8 이상인 수에 ◯표 하시오.

| 4 | 5 | 6 | 7 | 8 | 9 | 10 | 11 | 12 |

2 27 이상인 수에 ◯표 하시오.

| 19 | 42 | 25 | 30 | 21 | 58 | 12 | 27 | 15 |

3 40 이하인 수에 ◯표 하시오.

| 36 | 37 | 38 | 39 | 40 | 41 | 42 | 43 | 44 |

4 65 이하인 수에 ◯표 하시오.

| 39 | 80 | 65 | 28 | 91 | 74 | 83 | 57 | 49 |

5 7 이상 11 이하인 수에 ◯표 하시오.

| 4 | 5 | 6 | 7 | 8 | 9 | 10 | 11 | 12 |

6 48 이상 58 이하인 수에 ◯표 하시오.

| 50 | 29 | 63 | 48 | 71 | 57 | 60 | 34 | 53 |

7 29 이상 33 이하인 자연수를 모두 쓰시오.

[답] _____

8 11 이하인 수 중에서 가장 큰 자연수를 쓰시오.

[답] _____

H-273a

✿ 이름 :

✿ 날짜 :

✿ 시간 :　　시　　분 ～　　시　　분

확인

◆ **초과와 미만(1)** ◆

- 21, 22, 23, 24 등과 같이 20보다 큰 수를 20 초과인 수라고 합니다.

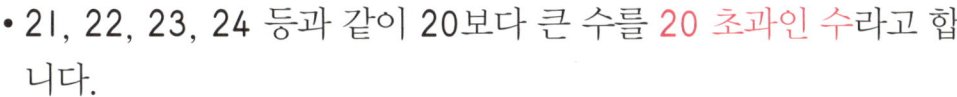

- 35, 34, 33, 32 등과 같이 36보다 작은 수를 36 미만인 수라고 합니다.

🐸 지민네 반 학생들의 100m 달리기 기록을 나타낸 표입니다. 물음에 답하시오. [1~2]

100m 달리기 기록

이름	기록(초)	이름	기록(초)	이름	기록(초)
지민	18.5	승범	19.1	준범	17.9
태웅	17.2	채우	20.4	민경	18.5
효영	18.3	서림	16.8	호진	18.8

1 지민이보다 기록이 빠른 학생은 누구누구입니까?

[답]

2 지민이보다 기록이 느린 학생은 누구누구입니까?

[답]

사고력 학습

🐸 종현이네 모둠 학생들의 줄넘기 횟수를 나타낸 표입니다. 물음에 답하시오. [3~5]

학생들의 줄넘기 횟수

이름	횟수(번)	이름	횟수(번)	이름	횟수(번)
종현	145	희정	112	준수	162
시연	97	현선	148	윤환	135
진석	181	미은	165	윤서	192

3 줄넘기 횟수가 160번 초과인 학생은 누구누구입니까?

[답] _____

4 줄넘기 횟수가 140번 미만인 학생은 누구누구입니까?

[답] _____

5 줄넘기 횟수가 145번 초과 165번 미만인 학생은 누구누구입니까?

[답] _____

6 알맞은 말에 ◯표 하시오.

> 만 12세부터 볼 수 있는 영화는 나이가 만 12세 (초과, 미만)인 사람은 볼 수 없습니다.

🚗 사고력 학습

✿ 이름 :

✿ 날짜 :

✿ 시간 :　　시　　분 ~　　시　　분

확인

◆ **초과와 미만(2)** ◆

1 14 초과인 수에 ◯표 하시오.

| 10 | 11 | 12 | 13 | 14 | 15 | 16 | 17 | 18 |

2 39 초과인 수에 ◯표 하시오.

| 58 | 21 | 17 | 39 | 65 | 70 | 26 | 46 | 33 |

3 50 미만인 수에 ◯표 하시오.

| 45 | 46 | 47 | 48 | 49 | 50 | 51 | 52 | 53 |

4 25 미만인 수에 ◯표 하시오.

| 11 | 26 | 33 | 19 | 5 | 57 | 25 | 8 | 13 |

5 35 초과 40 미만인 수에 ◯표 하시오.

| 34 | 35 | 36 | 37 | 38 | 39 | 40 | 41 | 42 |

6 47 초과 64 미만인 수에 ◯표 하시오.

| 81 | 29 | 51 | 48 | 64 | 70 | 33 | 60 | 59 |

7 79 초과 85 미만인 자연수를 모두 쓰시오.

[답]

8 29 초과인 수 중에서 가장 작은 자연수를 쓰시오.

[답]

★ 이름 :

★ 날짜 :

★ 시간 : 　시 　분 ~ 　시 　분

확인

◆ 수의 범위(1) ◆

- 8 이상 11 이하인 수
- 10 초과 13 미만인 수
- 9 이상 12 미만인 수
- 11 초과 14 이하인 수

🐸 수직선에 나타낸 수의 범위를 쓰시오. [1~3]

1

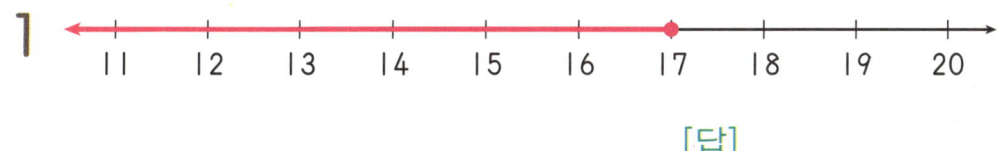

[답] _____

2

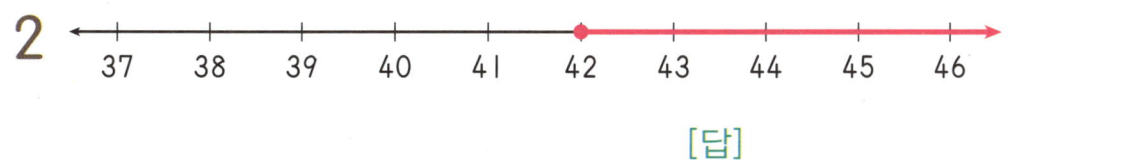

[답] _____

3

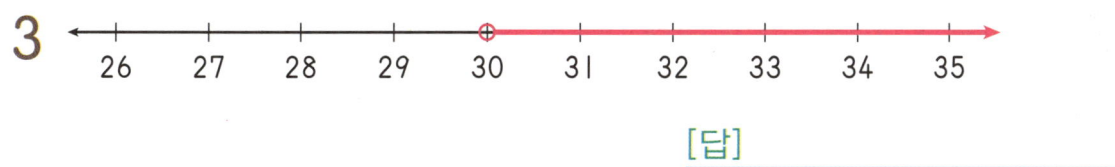

[답] _____

🐸 수직선에 나타낸 수의 범위를 쓰시오. [4~7]

4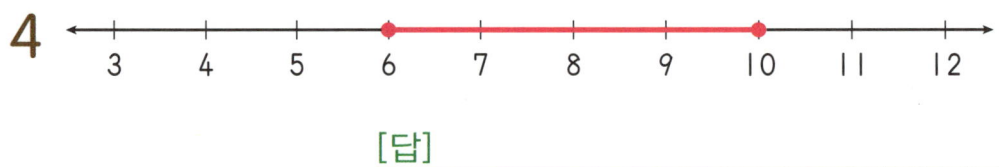

[답] _____

5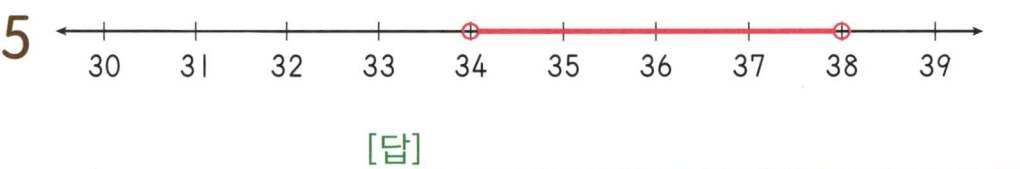

[답] _____

6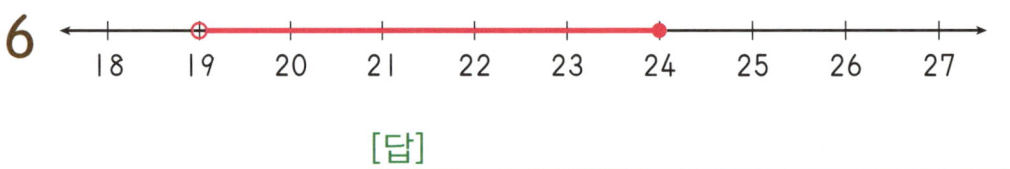

[답] _____

7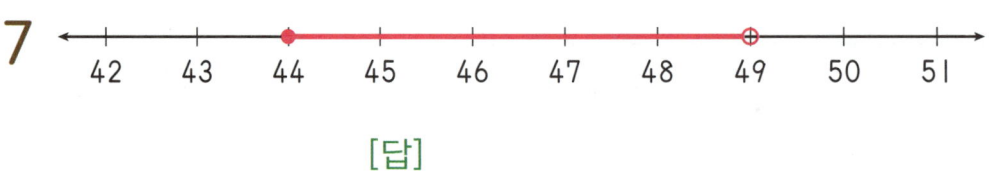

[답] _____

H-276a

♣ 이름 :

♣ 날짜 :

♣ 시간 :   시   분 ~   시   분

확인

😊 다음 수의 범위를 수직선에 나타내시오. [1~4]

1 10 이상인 수

```
←——+———+———+———+———+———+———+———+———+———+——→
    7   8   9   10  11  12  13  14  15  16
```

2 39 미만인 수

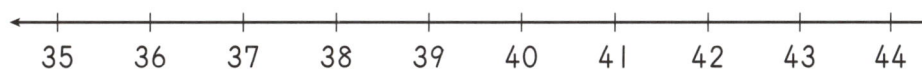

```
←——+———+———+———+———+———+———+———+———+———+——→
   35  36  37  38  39  40  41  42  43  44
```

3 19 이하인 수

```
←——+———+———+———+———+———+———+———+———+———+——→
   14  15  16  17  18  19  20  21  22  23
```

4 53 초과인 수

```
←——+———+———+———+———+———+———+———+———+———+——→
   47  48  49  50  51  52  53  54  55  56
```

사고력 학습

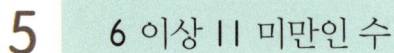 다음 수의 범위를 수직선에 나타내시오. [5~8]

5 6 이상 11 미만인 수

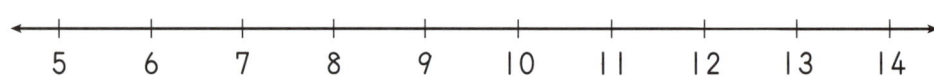

6 12 초과 15 미만인 수

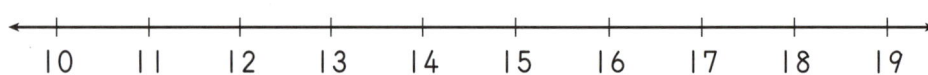

7 31 이상 35 이하인 수

8 53 초과 60 이하인 수

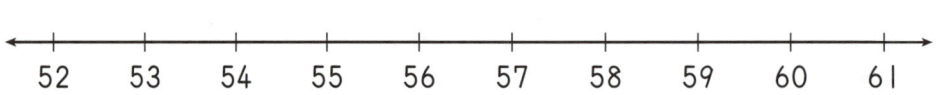

확인

이름 :

날짜 :

시간 :　시　분 ~ 시　분

◆ 수의 범위(3) ◆

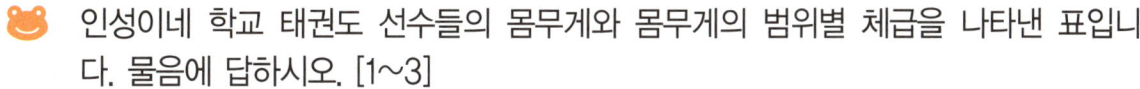

인성이네 학교 태권도 선수들의 몸무게와 몸무게의 범위별 체급을 나타낸 표입니다. 물음에 답하시오. [1~3]

태권도 선수들의 몸무게

이름	인성	상호	지형	현상	기태	희수
몸무게(kg)	39.5	37.0	45.1	37.3	40.2	42.7

몸무게의 범위별 체급(초등학생용)

몸무게의 범위(kg)	체급
35kg 초과 37kg 이하	밴텀급
37kg 초과 39kg 이하	페더급
39kg 초과 41kg 이하	라이트급
41kg 초과 44kg 이하	라이트 웰터급
44kg 초과 47kg 이하	웰터급

1 인성이의 체급은 무엇입니까?

[답]

2 인성이의 체급과 같은 체급의 학생은 누구입니까?

[답]

3 체급이 페더급인 학생은 누구입니까?

[답]

🐸 수를 보고 범위에 맞게 ☐ 안에 알맞은 말을 써넣으시오. [4~5]

4 ┌──────────────────────────────┐
　　　　56, 57, 58, 59, 60, ……
　　└──────────────────────────────┘

　➡ 55 ☐ 인 자연수

5 ┌──────────────────────────────┐
　　　　38, 39, 40, 41, 42, 43
　　└──────────────────────────────┘

　➡ 38 ☐ 44 ☐ 인 자연수

6 수의 범위에 들어가는 자연수를 모두 쓰시오.

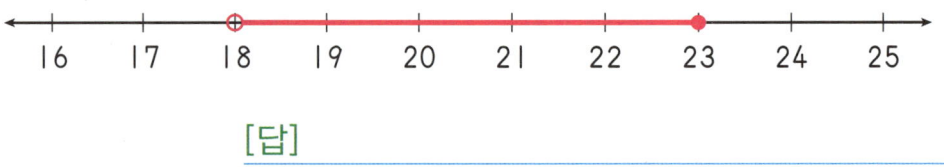

[답] _____

7 키가 130cm 이상 190cm 미만인 사람만 탈 수 있는 놀이기구가 있습니다. 이 놀이기구를 탈 수 있는 키의 범위를 수직선에 나타내시오.

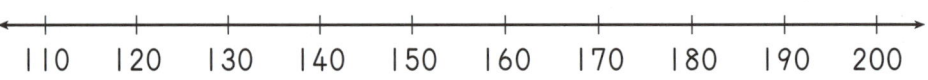

사고력 학습

H-278a

✿ 이름 :

✿ 날짜 :

✿ 시간 : 시 분 ~ 시 분

확인

◆ 올림과 버림(1) ◆

- 164를 십의 자리까지 나타내기 위해서 일의 자리 숫자 4를 10으로 하여 170으로 나타낼 수 있습니다. 이와 같이 나타내는 방법을 올림이라고 합니다.
- 2783을 백의 자리까지 나타내기 위해서 백의 자리 아래 수인 83을 0으로 하여 2700으로 나타낼 수 있습니다. 이와 같이 나타내는 방법을 버림이라고 합니다.

🐸 수를 올림하여 백의 자리까지 나타내시오. [1~4]

1 326 _____

2 1057 _____

3 901 _____

4 4500 _____

🐸 수를 버림하여 천의 자리까지 나타내시오. [5~8]

5 2731 _____

6 9043 _____

7 11010 _____

8 99999 _____

사고력 학습

수를 올림하여 빈칸에 써넣으시오. [9~10]

9

수	십의 자리까지	백의 자리까지	천의 자리까지
5176			

10

수	백의 자리까지	천의 자리까지	만의 자리까지
30948			

수를 버림하여 빈칸에 써넣으시오. [11~12]

11

수	십의 자리까지	백의 자리까지	천의 자리까지
22739			

12

수	백의 자리까지	천의 자리까지	만의 자리까지
84100			

사고력 학습

✿ 이름 :

✿ 날짜 :

✿ 시간 : 시 분 ~ 시 분

확인

◆ 올림과 버림(2) ◆

1 올림하여 십의 자리까지 나타낼 때 350이 되는 수에 모두 ◯표 하시오.

349	340	359	351	342

2 올림하여 백의 자리까지 나타낼 때 1000이 되는 수에 모두 ◯표 하시오.

952	1001	899	904	900

3 버림하여 백의 자리까지 나타낼 때 1300이 되는 수에 모두 ◯표 하시오.

1403	1387	1299	1301	1390

4 버림하여 천의 자리까지 나타낼 때 8000이 되는 수에 모두 ◯표 하시오.

7999	8162	9002	8076	8999

사고력 학습

5 수를 올림하여 몇만으로 나타내시오.

$$56789$$

[답]

---

6 수를 버림하여 백의 자리까지 바르게 나타낸 것을 찾아 기호를 쓰시오.

ㄱ 9603 ➡ 9000   ㄴ 1082 ➡ 1080
ㄷ 1999 ➡ 1909   ㄹ 5678 ➡ 5600

[답]

---

7 올림하여 천의 자리까지 나타낸 수가 서로 같은 것을 찾아 기호를 쓰시오.

ㄱ 81154   ㄴ 80991   ㄷ 82003   ㄹ 81990

[답]

---

8 유민이는 돼지 저금통에 100원짜리 동전을 389개 모았습니다. 이 동전을 10000원짜리 지폐로 바꾼다면 얼마까지 바꿀 수 있습니까?

[답]

 사고력 학습

★ 이름 :

★ 날짜 :

★ 시간 :　　시　　분 ~　　시　　분

◆ **반올림(1)** ◆

> 구하려는 자리의 한 자리 아래 숫자가 0, 1, 2, 3, 4이면 0으로 하고 5, 6, 7, 8, 9이면 10으로 나타내는 방법을 반올림이라고 합니다.

🐸 수진이네 학교 4학년 학생 중에서 남학생은 152명이고, 여학생은 158명입니다. 물음에 답하시오. [1~4]

1 수직선에 남학생 152명은 ●으로, 여학생 158명은 ★으로 나타내어 보시오.

2 남학생 수와 여학생 수는 150과 160 중에서 각각 어느 쪽에 가깝습니까?

　남학생 _____, 여학생 _____

3 남학생 수는 약 몇십 명입니까?

[답] _____

4 여학생 수는 약 몇십 명입니까?

[답] _____

사고력 학습 🚗

🐸 십의 자리에서 반올림하여 나타내시오. [5~8]

5 `345` _____

6 `277` _____

7 `2060` _____

8 `19807` _____

🐸 백의 자리에서 반올림하여 나타내시오. [9~12]

9 `8765` _____

10 `5900` _____

11 `14397` _____

12 `49800` _____

🐸 반올림하여 천의 자리까지 나타내시오. [13~16]

13 `6059` _____

14 `2900` _____

15 `95142` _____

16 `99500` _____

🚗 사고력 학습

🌸 이름 :

🌸 날짜 :

🌸 시간 :   시   분 ~   시   분

확인

◆ 반올림(2) ◆

🐸 수를 반올림하여 빈칸에 써넣으시오. [1~2]

1

수	십의 자리까지	백의 자리까지	천의 자리까지
2059			

2

수	백의 자리까지	천의 자리까지	만의 자리까지
47108			

3 일의 자리에서 반올림하여 70이 되는 수에 모두 ○표 하시오.

74	59	63	78	66	70

4 반올림하여 백의 자리까지 나타낼 때 300이 되는 수에 모두 ○표 하시오.

337	350	238	364	309	280

사고력 학습

5 야구장에 39251명이 입장하였습니다. 야구장에 입장한 사람 수를 다음과 같이 나타내시오.

반올림하여 백의 자리까지	명
반올림하여 천의 자리까지	명
반올림하여 만의 자리까지	명

6 성진이네 마을의 인구는 29081명입니다. 이 마을의 인구는 약 만 명입니까?

[답]

7 205947을 반올림하여 다음 자리까지 나타낼 때, 가장 큰 수는 어느 것입니까? (   )

① 십의 자리   ② 백의 자리   ③ 천의 자리

④ 만의 자리   ⑤ 십만의 자리

8 반올림하여 십의 자리까지 나타낸 수가 50이 되는 자연수 중에서 가장 큰 수를 구하시오.

[답]

◆ 이름 :

◆ 날짜 :

◆ 시간 : 시 분 ~ 시 분

확인

◆ 어림의 활용 ◆

1 도넛 한 개를 만드는 데 사용되는 밀가루는 100g입니다. 밀가루 2450g으로 도넛을 몇 개 만들 수 있는지 알아보려고 합니다. 물음에 답하시오.

(1) 도넛을 만드는 데 사용되는 밀가루는 모두 몇 g인지 구하려고 할 때 올림, 버림, 반올림 중에서 어떤 방법으로 구해야 합니까?

[답]

(2) 도넛을 만드는 데 사용되는 밀가루는 모두 몇 g입니까?

[답]

(3) 도넛은 몇 개 만들 수 있습니까?

[답]

2 문구점에서 철사를 1m 단위로 판매하고 있습니다. 철사가 580cm 필요하다면 철사는 적어도 몇 m 사야 하는지 알아보려고 합니다. 물음에 답하시오.

(1) 철사를 몇 m 사야 하는지 구하려고 할 때 올림, 버림, 반올림 중에서 어떤 방법으로 구해야 합니까?

[답]

(2) 철사는 적어도 몇 m를 사야 합니까?

[답]

사고력 학습

3 선물 상자 한 개를 포장하는 데 리본이 85cm 필요합니다. 리본 459cm로는 선물 상자를 몇 개 포장할 수 있습니까?

[답] _____

4 한 대에 8명씩 탈 수 있는 승합차가 있습니다. 진호네 반 학생 43명이 승합차에 모두 타려면 승합차는 모두 몇 대 필요합니까?

[답] _____

5 햇빛 마을의 인구는 4319명입니다. 이 마을의 인구는 약 몇백 명이라고 할 수 있습니까?

[답] _____

6 문구점에서 연필을 한 타씩 판매하고 있습니다. 80명의 학생에게 연필을 한 자루씩 나누어 주려면 연필을 몇 타 사야 합니까?

[답] _____

✿ 이름 :

✿ 날짜 :

✿ 시간 :　　시　　분 ~ 　시　　분

확인

🌐 창의력 학습

만수가 동생과 함께 놀이동산에 왔습니다. 놀이기구 중에서 만수와 동생이 함께
탈 수 있는 놀이기구를 찾아 쓰시오.

[답]

영희가 친구들과 분식점에서 주문을 하고 계산을 하려고 합니다. 음식의 가격을 천 원짜리 지폐로 계산하려면 얼마를 내고, 거스름돈은 얼마를 받아야 하는지 차례로 쓰시오.

[답]

 창의력 학습

★ 이름 :

★ 날짜 :

★ 시간 :   시   분~   시   분

확인

 **경시대회 예상문제**

1 50 이상 80 미만인 자연수 중에서 5의 배수는 몇 개인지 구하시오.

[답]

2 수직선에 나타낸 수의 범위에 포함되는 자연수를 모두 쓰시오.

27   32.5

[답]

서술형·논술형

3 현수네 과수원에서 사과를 278개 수확했습니다. 한 상자에 사과를 15개씩 넣고, 12000원에 판다고 합니다. 사과를 상자에 넣어 팔 수 있는 금액은 모두 얼마인지 풀이 과정을 쓰고 답을 구하시오.

[답]

4 큰 수부터 차례로 기호를 쓰시오.

> ㉠ 1437을 일의 자리에서 반올림하여 나타낸 수
> ㉡ 1449를 반올림하여 백의 자리까지 나타낸 수
> ㉢ 1583을 버림하여 천의 자리까지 나타낸 수
> ㉣ 1402를 올림하여 백의 자리까지 나타낸 수

[답] _____

5 ☐ 안에 알맞은 자연수를 써넣으시오.

(1) 150 이상 ☐ 이하인 자연수는 모두 10개입니다.

(2) ☐ 초과 31 미만인 자연수는 모두 12개입니다.

6 두 조건을 모두 만족하는 수의 범위를 수직선에 나타내시오.

> • 51 이상 57 이하인 수
> • 48 초과 55 미만인 수

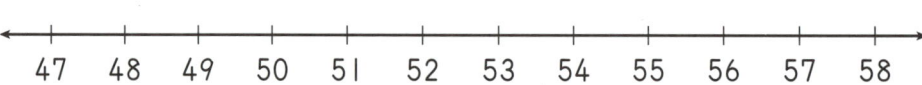

서술형·논술형

7 십의 자리에서 반올림하여 500이 되는 가장 큰 자연수와 가장 작은 자연수의 차는 얼마인지 풀이 과정을 쓰고 답을 구하시오.

[답]

8 50997을 어림한 수가 나머지 셋과 다른 하나를 찾아 기호를 쓰시오.

> ㉠ 올림하여 십의 자리까지 나타낸 수
> ㉡ 올림하여 백의 자리까지 나타낸 수
> ㉢ 백의 자리에서 반올림하여 나타낸 수
> ㉣ 천의 자리에서 반올림하여 나타낸 수

[답]

9 일의 자리에서 반올림하여 40이 되는 수의 범위를 이상과 이하를 사용하여 수직선에 나타내시오.

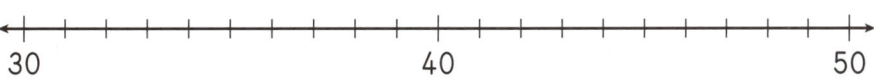

10 다음 조건을 모두 만족하는 수를 구하시오.

> ㉠ 다섯 자리 수
> ㉡ 40000 이상 60000 미만인 수
> ㉢ 만의 자리 숫자는 5 미만인 수
> ㉣ 천의 자리 숫자는 2 초과 4 미만인 수
> ㉤ 백의 자리 숫자는 만의 자리 숫자보다 4 작은 수
> ㉥ 십의 자리 숫자는 9이하인 자연수 중에서 가장 큰 수
> ㉦ 일의 자리 숫자는 6 초과 10 이하인 자연수 중에서 가장 작은 수

[답] _____

11 어느 미술관의 연령별에 따른 입장료를 나타낸 표입니다. 수지네 가족이 미술관에 갔을 때 입장료는 모두 얼마입니까?

미술관 입장료

연령별 구분	입장료
6세 미만	무료
6세 이상 13세 미만	800원
13세 이상 20세 미만	1500원
20세 이상 65세 미만	2500원
65세 이상	무료

수지네 가족의 나이

가족	나이(세)
할아버지	65
아버지	42
어머니	39
오빠	15
수지	11

[답] _____

사고력도 탄탄! 창의력도 탄탄!

H5

H286a ~ H300b

학습 관리표

학습 내용		이번 주는?

확인 학습	• 사각형과 다각형
	• 평면도형의 둘레와 넓이
	• 수의 범위와 어림
	• 창의력 학습
	• 경시대회 예상문제
	• 성취도 테스트
		• 학습 방법 : ① 매일매일 ② 가끔 ③ 한꺼번에
		  하였습니다.
		• 학습 태도 : ① 스스로 잘 ② 시켜서 억지로
		  하였습니다.
		• 학습 흥미 : ① 재미있게 ② 싫증내며
		  하였습니다.
		• 교재 내용 : ① 적합하다고 ② 어렵다고 ③ 쉽다고
		  하였습니다.

지도 교사가 부모님께		**부모님이 지도 교사께**
평가	Ⓐ 아주 잘함　　Ⓑ 잘함	Ⓒ 보통　　Ⓓ 부족함

원(교)　　　　반　　이름　　　　전화

기초부터 탄탄하게
G 기탄교육
www.gitan.co.kr / (02)586-1007(대)

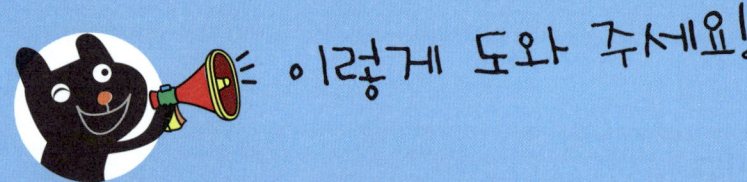

이렇게 도와 주세요!

● 학습 목표
– 사다리꼴, 평행사변형, 마름모, 직사각형, 정사각형을 이해할 수 있습니다.
– 다각형과 정다각형을 이해할 수 있습니다.
– 직사각형과 정사각형의 둘레를 구할 수 있습니다.
– 직사각형과 정사각형의 넓이를 구할 수 있습니다.
– 이상, 이하, 초과, 미만의 뜻을 이해하고 생활에 활용할 수 있습니다.
– 올림, 버림, 반올림의 뜻을 이해하고 생활에 활용할 수 있습니다.

● 지도 내용
– 사다리꼴, 평행사변형, 마름모, 직사각형, 정사각형을 이해하고 성질에 대해 알게 합
  니다.
– 대각선을 이해하고 대각선의 개수를 세어 보게 합니다.
– 직사각형과 정사각형의 둘레와 넓이를 구하는 방법을 이해하고 구하게 합니다.
– 이상, 이하, 초과, 미만의 뜻을 알고 수의 범위를 수직선에 나타낼 수 있게 합니다.
– 올림, 버림, 반올림의 뜻을 알고 어림의 활용을 통하여 여러 가지 문제를 해결하게
  합니다.

● 지도 요점
앞에서 학습한 사각형과 다각형, 평면도형의 둘레와 넓이, 수의 범위와 어림을 확인
학습하는 주입니다.
여러 유형의 문제를 접해 보게 함으로써 학습한 지식을 잘 응용할 수 있도록 지도해
주십시오. 그리고 성취도 테스트를 이용해서 주어진 시간 내에 모든 문제를 푸는 연
습을 하도록 해 주십시오.

◆ **사각형과 다각형** ◆

🐸　사각형을 보고 물음에 답하시오. [1~5]

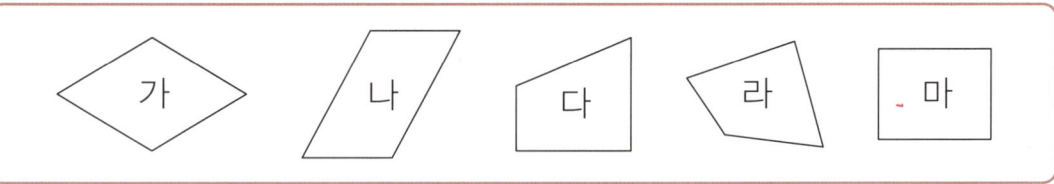

1 평행사변형을 모두 찾아 쓰시오.

[답]

2 마름모를 찾아 쓰시오.

[답]

3 사각형 다의 이름을 쓰시오.

[답]

4 대각선의 길이가 서로 같은 사각형을 찾아 쓰시오.

[답]

5 대각선이 서로 수직으로 만나는 사각형을 찾아 쓰시오.

[답]

확인 학습

6 사각형에서 어느 부분을 잘라 내면 사다리꼴이 됩니까? (   )

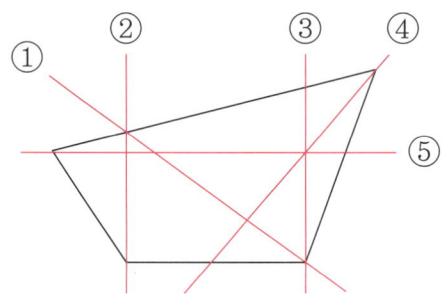

7 평행사변형에 대한 설명으로 옳은 것을 모두 찾아 기호를 쓰시오.

> ㉠ 네 각의 크기가 모두 같습니다.
> ㉡ 네 변의 길이가 모두 같습니다.
> ㉢ 사다리꼴이라고 할 수 있습니다.
> ㉣ 마주 보는 두 쌍의 변이 평행합니다.

[답] _____

8 점판을 이용하여 서로 다른 마름모를 2개 그려 보시오.

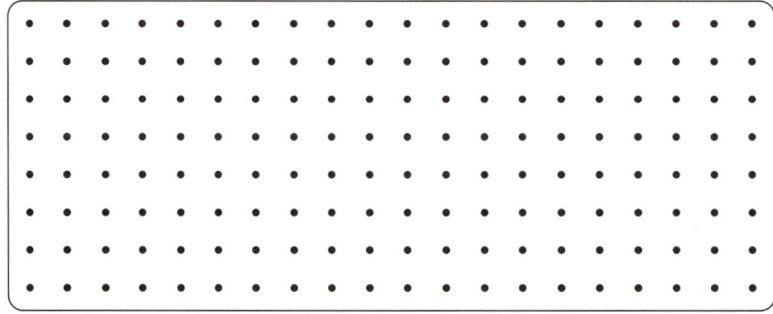

9 다음은 평행사변형입니다. ☐ 안에 알맞은 수를 써넣으시오.

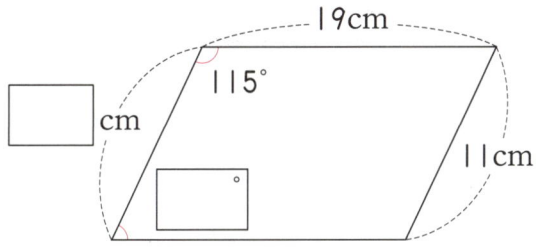

10 사각형 ㄱㄴㄷㄹ은 마름모입니다. ㉠의 크기를 구하시오.

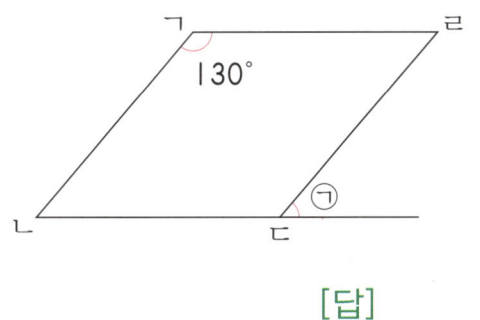

[답] _____

11 다음은 마름모와 평행사변형을 붙여 놓은 도형입니다. ㉠의 크기를 구하시오.

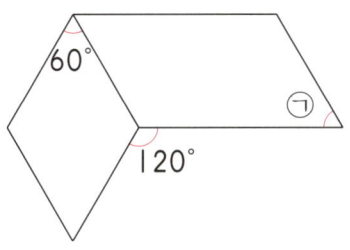

[답] _____

확인 학습

12 도형의 이름으로 볼 수 있는 것을 모두 찾아 기호를 쓰시오.

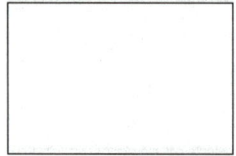

> ㉠ 사다리꼴　　　㉡ 평행사변형
> ㉢ 마름모　　　　㉣ 정사각형

[답] _____

13 정사각형은 마름모라고 할 수 있습니다. 그 이유를 쓰시오.

_____

_____

14 다음은 정사각형입니다. 각 ㄱㄴㄹ의 크기는 몇 도입니까?

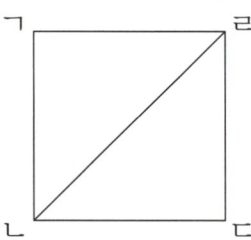

[답] _____

15 다각형을 모두 찾아 기호를 쓰시오.

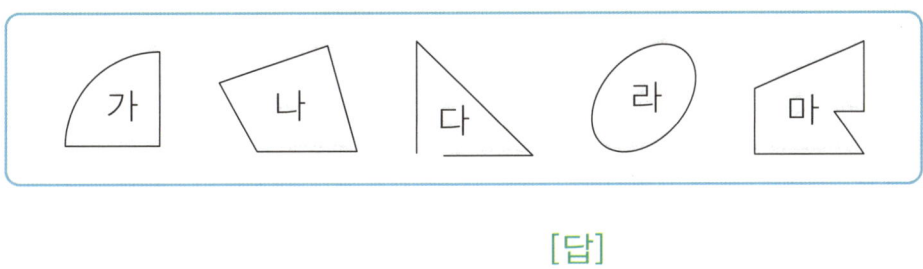

[답] _____

🐸 도형의 이름을 쓰시오. [16~17]

16

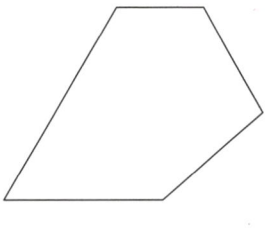

[답] _____

17

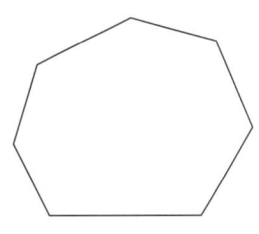

[답] _____

18 다음 조건을 모두 만족하는 도형의 이름을 쓰시오.

> • 8개의 선분으로 둘러싸여 있습니다.
> • 변의 길이가 모두 같습니다.
> • 각의 크기가 모두 같습니다.

[답] _____

😊 도형의 대각선을 모두 그어 보고, 대각선의 개수를 구하시오. [19~20]

19

20

[답] _____   [답] _____

21 다음은 정삼각형 2개를 붙여서 만든 도형입니다. 사각형 ㄱㄴㄷㄹ의 네 변의 길이의 합을 구하시오.

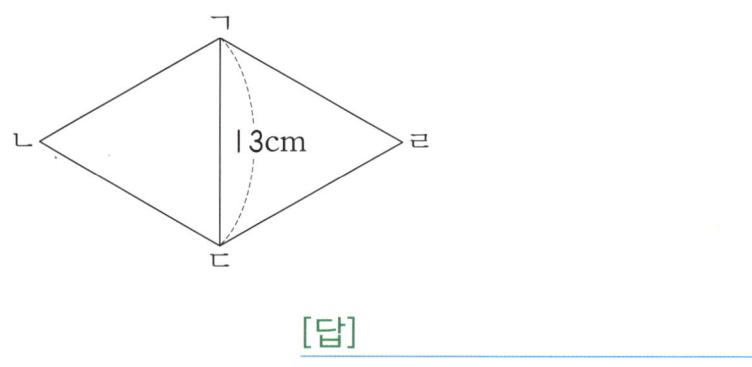

[답] _____

22 다음 직사각형에서 선분 ㄱㄷ의 길이는 몇 cm입니까?

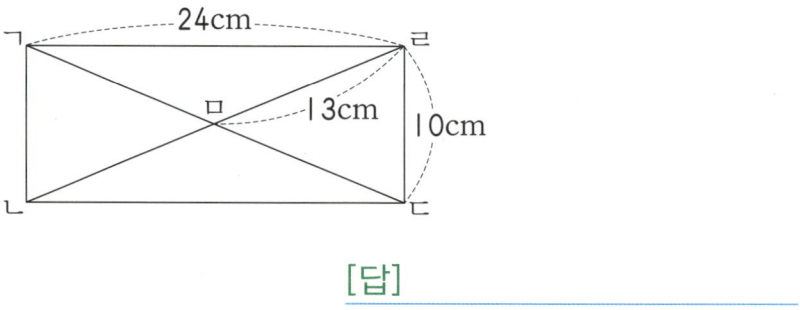

[답] _____

확인 학습

🐸 도형 판을 보고 물음에 답하시오. [23~24]

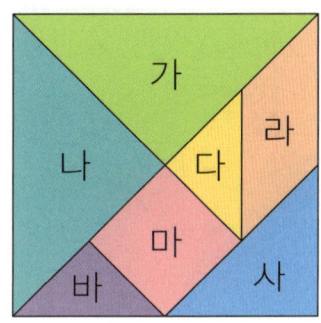

23 도형 판의 조각을 사용하여 만들 수 있는 도형을 모두 찾아 기호를 쓰시오.

> ㉠ 평행사변형 　　㉡ 직사각형
> ㉢ 정삼각형 　　㉣ 정사각형

[답] _____

24 도형 판 3조각을 이용하여 다음 모양을 만들려고 합니다. 필요한 조각을 찾아 쓰시오.

[답] _____

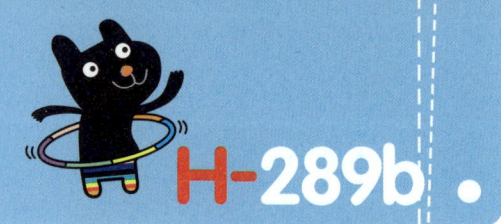
25 왼쪽 그림은 어떤 도형으로 빈틈없이 덮고 있는지 오른쪽에 그리시오.

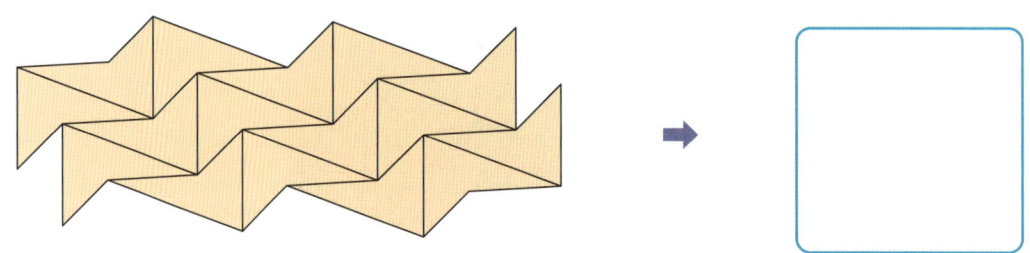

26 다음 중 바닥을 빈틈없이 덮을 수 있는 도형을 모두 찾아 기호를 쓰시오.

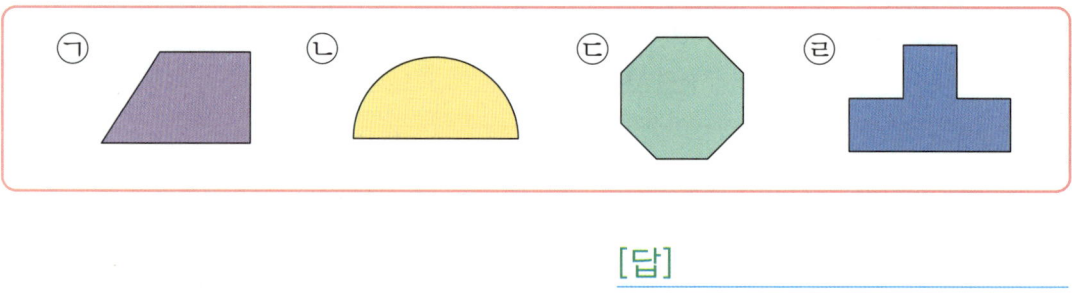

[답]

27 왼쪽의 삼각형을 겹치지 않게 이어 붙여서 오른쪽 직사각형을 덮으려고 합니다. 삼각형은 모두 몇 개 필요합니까?

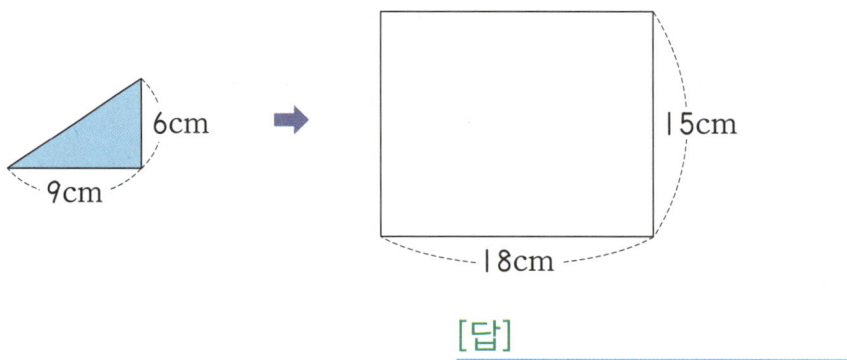

[답]

◆ 평면도형의 둘레와 넓이 ◆

🐸 직사각형의 둘레를 구하시오. [1~2]

1

16cm

13cm

[답]

2

21cm

10cm

[답]

🐸 정사각형의 둘레를 구하시오. [3~4]

3

11cm

[답]

4

17cm

[답]

5 직사각형의 둘레가 74cm일 때, 직사각형의 세로는 몇 cm입니까?

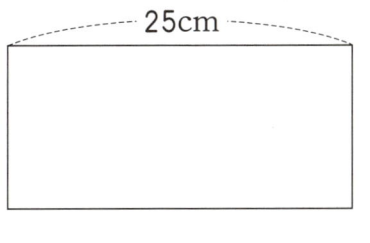

25cm

[답]

확인 학습

6 둘레가 68cm인 정사각형 모양의 색종이가 있습니다. 이 색종이의 한 변의 길이를 구하시오.

[답]

7 둘레가 긴 도형부터 차례로 기호를 쓰시오.

> ㉠ 가로가 19cm, 세로가 11cm인 직사각형
> ㉡ 가로가 15cm, 세로가 18cm인 직사각형
> ㉢ 한 변이 16cm인 정사각형

[답]

8 도형의 둘레를 구하시오.

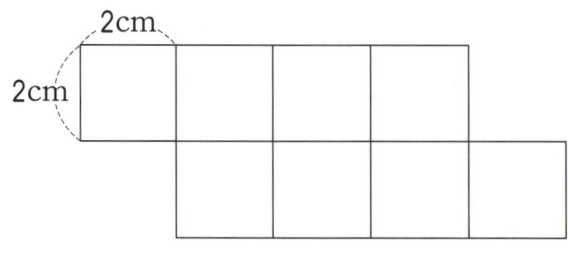

[답]

H-291a

😊 도형을 보고 물음에 답하시오. [9~12]

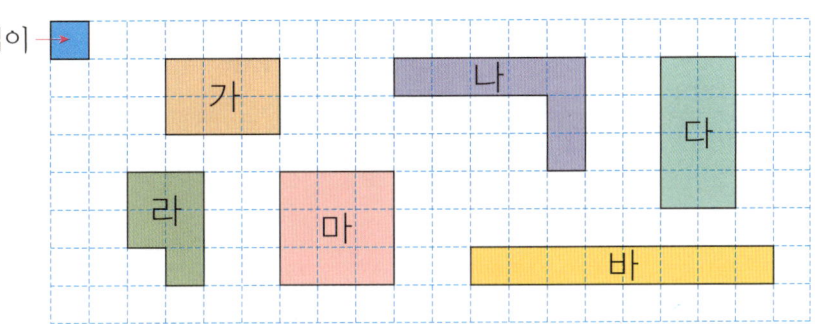

단위넓이

9 넓이가 같은 두 도형을 찾아 쓰시오.

[답]

10 넓이가 가장 넓은 도형을 찾아 쓰시오.

[답]

11 도형 나는 단위넓이의 넓이의 몇 배입니까?

[답]

12 단위넓이의 넓이가 1cm²일 때, 도형 가의 넓이를 구하시오.

[답]

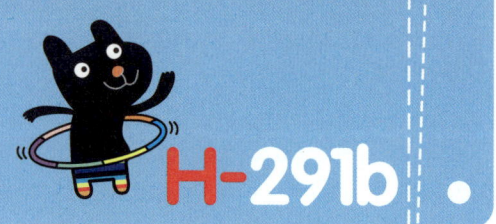

H-291b .

직사각형의 넓이를 구하시오. [13~14]

13

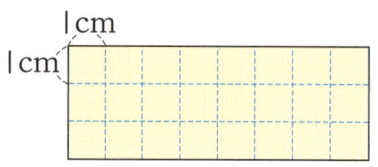

1cm
1cm

[답]

14

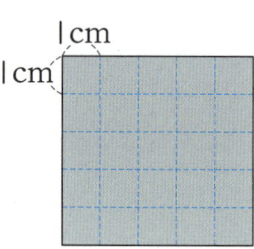

1cm
1cm

[답]

직사각형의 넓이를 구하시오. [15~16]

15

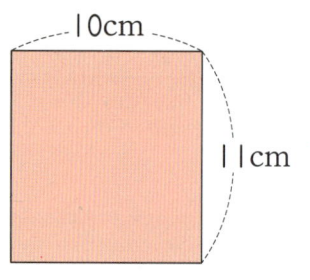

10cm
11cm

[답]

16

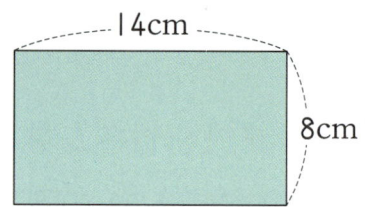

14cm
8cm

[답]

정사각형의 넓이를 구하시오. [17~18]

17

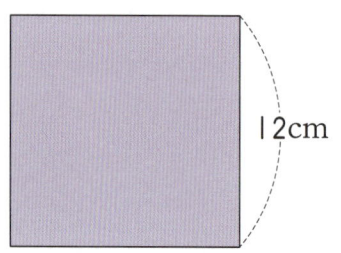

12cm

[답]

18

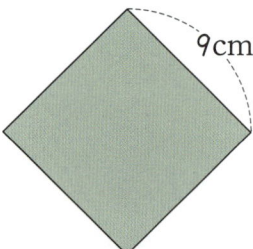

9cm

[답]

확인 학습

🐸 도형의 둘레와 넓이를 각각 구하시오. [19~20]

19 가로가 14cm, 세로가 21cm인 직사각형

둘레 _____

넓이 _____

20 한 변이 17cm인 정사각형

둘레 _____

넓이 _____

21 직사각형의 넓이가 다음과 같을 때, ☐ 안에 알맞은 수를 써넣으시오.

☐ cm

넓이 : 208cm²

8cm

22 다음 중 넓이가 가장 넓은 도형을 찾아 기호를 쓰시오.

> ㉠ 가로가 7cm, 세로가 15cm인 직사각형
> ㉡ 가로가 19cm, 세로가 5cm인 직사각형
> ㉢ 한 변이 11cm인 정사각형

[답]

23 도형 가와 나는 직사각형입니다. 나의 넓이는 가의 넓이의 몇 배입니까?

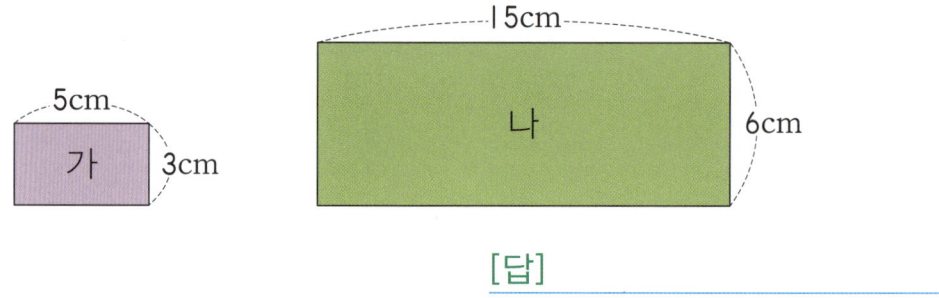

[답]

24 모눈 한 칸의 길이가 1cm인 모눈종이에 둘레가 28cm이고 넓이가 48cm² 인 직사각형을 그려 보시오.

확인 학습

25 도형의 넓이를 구하시오.

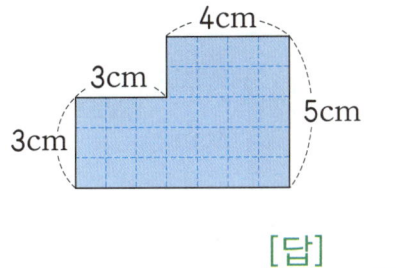

[답] _____

26 도형의 넓이를 구하려고 합니다. ☐ 안에 알맞은 수를 써넣으시오.

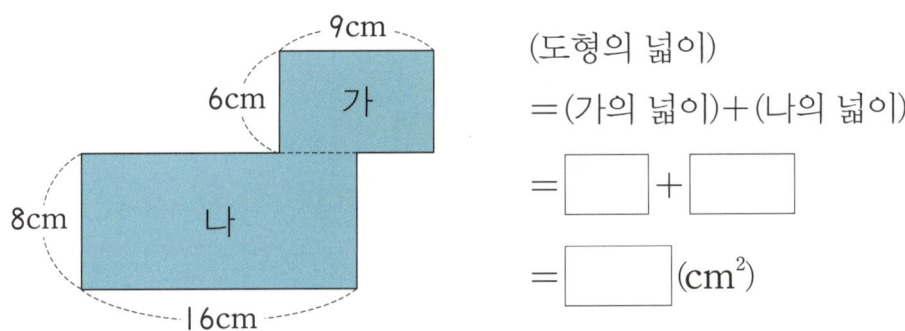

(도형의 넓이)
= (가의 넓이) + (나의 넓이)
= ☐ + ☐
= ☐ (cm²)

🐸 도형의 넓이를 구하시오. [27~28]

27

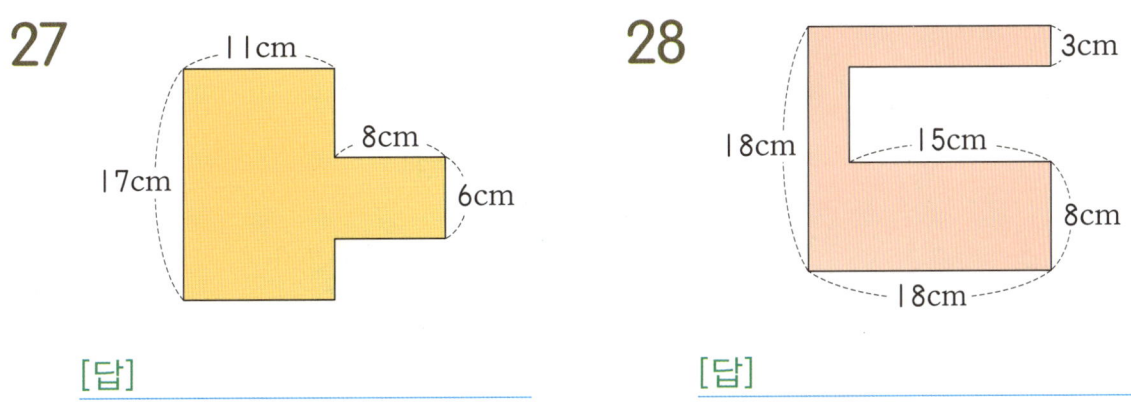

[답] _____

28

[답] _____

확인 학습

29 색칠한 부분의 넓이를 구하시오.

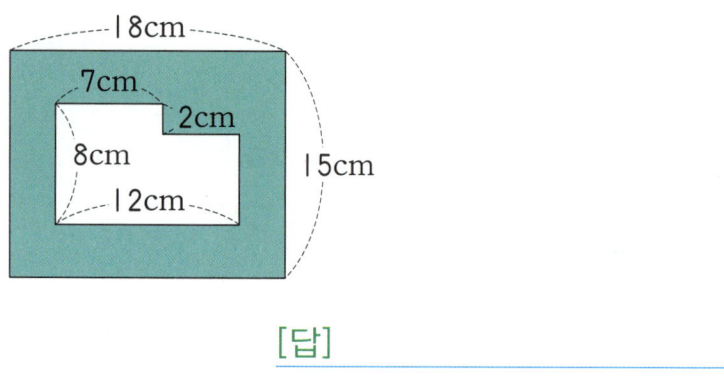

[답] _____

다음은 둘레가 20cm인 정사각형 13개를 이어 붙여 만든 도형입니다. 물음에 답하시오. [30~32]

30 도형의 둘레는 몇 cm입니까?

[답] _____

31 정사각형 한 개의 넓이는 몇 cm²입니까?

[답] _____

32 도형의 넓이는 몇 cm²입니까?

[답] _____

✿ 이름 :

✿ 날짜 :

✿ 시간 :　　시　　분 ~ 　　시　　분

확인

◆ 수의 범위와 어림 ◆

1 길이가 7cm 이하인 연필에 모두 ○표 하시오.

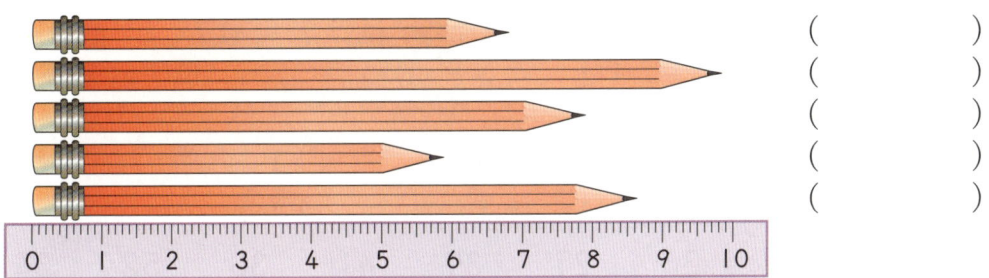

(　　　)

(　　　)

(　　　)

(　　　)

(　　　)

🐸 성희네 반 학생들의 윗몸 일으키기 기록을 조사하여 나타낸 표입니다. 물음에 답하시오. [2~3]

윗몸 일으키기 기록

이름	횟수(회)	이름	횟수(회)	이름	횟수(회)
성희	28	선하	19	희수	25
지연	33	재승	39	성미	31
의성	35	현주	14	지은	22

2 윗몸 일으키기 기록이 30회 이상인 학생은 누구누구입니까?

[답]

3 윗몸 일으키기 기록이 28회 초과 35회 이하인 학생은 누구누구입니까?

[답]

확인 학습

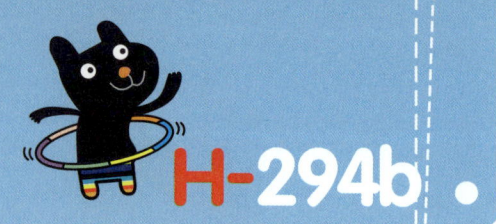

4 11 미만인 자연수는 몇 개입니까?

[답] _____

5 30 이상 35 이하인 수에 ○표 하시오.

| 32 | 46 | 36 | 27 | 39 | 41 | 30 | 52 | 34 |

6 8세 이상 13세 미만인 학생만 참가할 수 있는 미술 대회가 있습니다. 이 미술 대회에 참가할 수 없는 학생은 누구입니까?

학생	인호	수진	소라	현서
나이(세)	11	8	13	9

[답] _____

7 수의 범위에 속하는 자연수가 많은 순서대로 기호를 쓰시오.

> ㉠ 27 초과 34 이하인 수   ㉡ 27 이상 33 미만인 수
> ㉢ 27 이상 34 이하인 수   ㉣ 27 초과 33 미만인 수

[답] _____

확인 학습

8 수직선에 나타낸 수의 범위를 쓰시오.

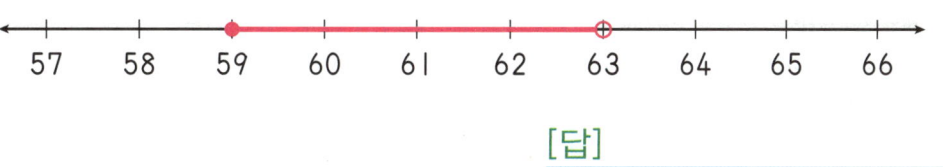

[답] _____

다음 수의 범위를 수직선에 나타내시오. [9~10]

9 15 미만인 수

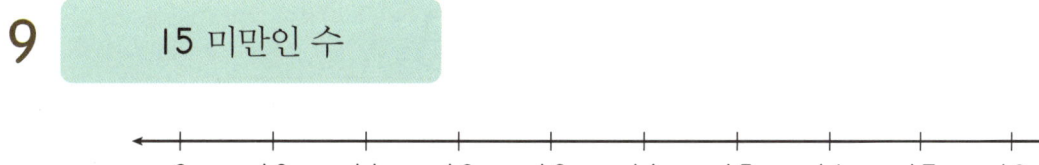

10 34 초과 39 이하인 수

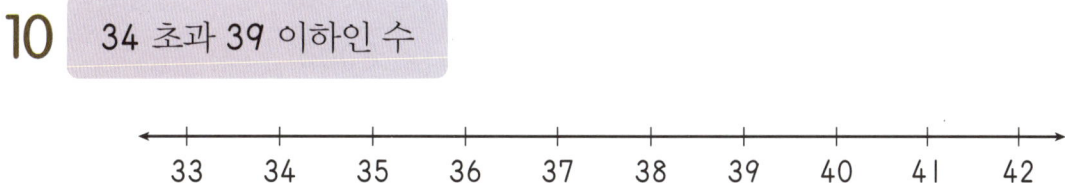

11 수의 범위에 속하는 자연수는 모두 몇 개입니까?

[답] _____

확인 학습

12 다음 수의 범위를 나타내려고 합니다. ☐ 안에 알맞은 말을 써넣으시오.

| 16 | 17 | 18 | 19 | 20 | 21 | 22 | 23 |

16 ☐ 24 ☐ 인 자연수

 무게별 택배 요금을 나타낸 표입니다. 물음에 답하시오. [13~14]

무게별 택배 요금

무게	요금(원)
2kg 이하	4000
2kg 초과 5kg 이하	5000
5kg 초과 10kg 이하	6000
10kg 초과 20kg 이하	7000
20kg 초과 30kg 이하	8000

13 12kg짜리 물품을 택배로 보내려면 얼마를 내야 합니까?

[답] _____

14 형돈이는 무게가 4kg짜리 물품과 10kg짜리 물품을 각각 발송하려고 합니다. 형돈이가 내야 하는 택배 요금은 얼마입니까?

[답] _____

확인 학습

15 수를 올림하여 빈칸에 써넣으시오.

수	십의 자리까지	백의 자리까지	천의 자리까지
5483	5490		
47310			
99502			

16 수를 버림하여 빈칸에 써넣으시오.

수	십의 자리까지	백의 자리까지	천의 자리까지
10153	10150		
79998			
400952			

17 수를 반올림하여 빈칸에 써넣으시오.

수	백의 자리까지	천의 자리까지	만의 자리까지
85362	85400		
259037			
350999			

🐸 다음 수를 보고 물음에 답하시오. [18~21]

| 5604786 |

18 올림하여 천의 자리까지 나타내시오.

[답] _____

19 버림하여 백의 자리까지 나타내시오.

[답] _____

20 반올림하여 만의 자리까지 나타내시오.

[답] _____

21 십만의 자리에서 반올림하여 나타내시오.

[답] _____

22 수를 올림, 버림, 반올림하여 만의 자리까지 나타내시오.

수	올림	버림	반올림
299503			

☕ 확인 학습

23 올림하여 백의 자리까지 나타낼 때, 3600이 되는 수를 모두 찾아 기호를 쓰시오.

> ㉠ 3501　　㉡ 3500　　㉢ 3610　　㉣ 3600

[답]

🐸 마을별 인구수를 조사하여 나타낸 표입니다. 물음에 답하시오. [24~26]

마을별 인구수

마을	햇빛	청산	하늘	바다	초록
인구수(명)	2947	5861	3009	1997	3947

24 청산 마을의 인구수를 반올림하여 백의 자리까지 나타내면 몇 명입니까?

[답]

25 햇빛 마을의 인구수는 약 몇천 명입니까?

[답]

26 하늘 마을과 초록 마을의 인구수의 합은 약 몇천 명입니까?

[답]

27 어느 과수원에서 배를 387개 수확했습니다. 이 배를 10개씩 상자에 포장하여 판다면 팔 수 있는 배는 모두 몇 개입니까?

[답]

28 박물관에 58463명의 관람객이 입장하였습니다. 박물관에 입장한 관람객은 약 몇만 명입니까?

[답]

29 시영이네 4학년 학생은 325명입니다. 강당에 8명씩 앉을 수 있는 의자에 학생들이 모두 앉으려면 의자는 적어도 몇 개 필요합니까?

[답]

30 문구점에서 색종이를 10장씩 묶음으로만 팔고, 색종이 1묶음이 550원이라고 합니다. 이 문구점에서 색종이를 47장 사려면 얼마를 지불해야 합니까?

[답]

✿ 이름 :

✿ 날짜 :

✿ 시간 :   시 분 ~ 시 분

확인

🔵 창의력 학습

사각형 ㄱㄴㄷㄹ은 마름모입니다. ☐ 안에 알맞은 수를 써넣으시오.

다음 힌트를 보고 금고의 비밀번호를 구하시오.

[답] _____

 창의력 학습

♣ 이름 :

♣ 날짜 :

♣ 시간 : 시   분 ~ 시   분

확인

 경시대회 예상문제

1 사각형 ㄱㄴㄷㄹ은 평행사변형입니다. 크고 작은 사다리꼴은 몇 개 있습니까?

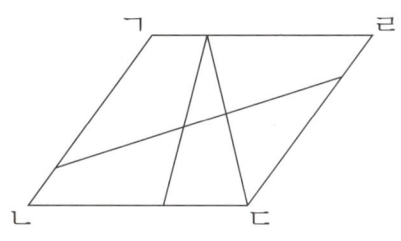

[답]

서술형·논술형

2 사각형 ㄱㄴㄷㄹ은 평행사변형, 삼각형 ㅁㄴㄷ은 정삼각형입니다. 각 ㅁㄷㄹ의 크기가 45°일 때, 각 ㄱㄴㅁ의 크기는 몇 도인지 풀이 과정을 쓰고 답을 구하시오.

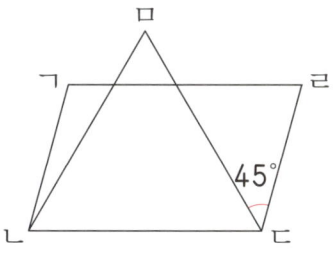

[답]

3 도형 판에서 3조각을 사용하여 정사각형을 만들었습니다. 만들어진 정사각형의 둘레를 구하시오.

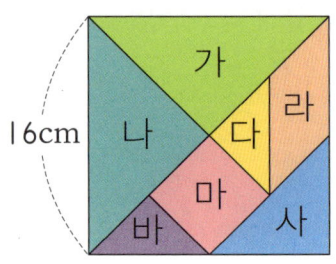

16cm

[답]

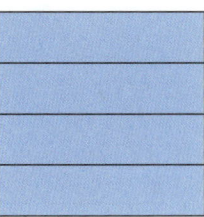

4 크기가 같은 직사각형 4개를 이어 붙여 정사각형을 만들었습니다. 정사각형의 넓이가 64cm²일 때, 직사각형 한 개의 둘레는 몇 cm인지 풀이 과정을 쓰고 답을 구하시오.

[답]

5 둘레가 52cm인 정사각형 2개를 그림과 같이 겹쳐 놓았습니다. 겹쳐진 직사각형의 넓이를 구하시오.

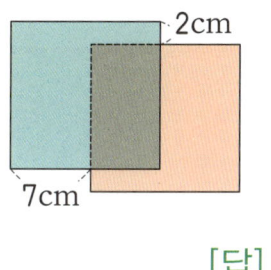

[답]

6 도형의 둘레가 62cm일 때, 도형의 넓이를 구하시오.

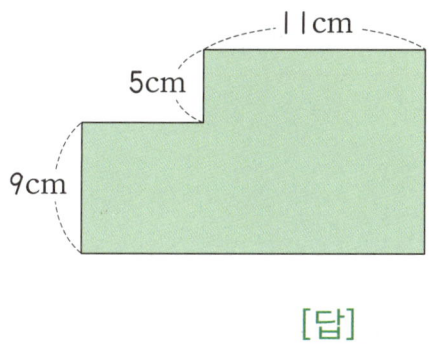

[답]

7 다음 4장의 숫자 카드를 한 번씩만 사용하여 만들 수 있는 세 자리 수 중에서 470 이상 750 이하인 수는 몇 개인지 구하시오.

[답]

8 두 수직선이 나타낸 수의 범위에서 공통으로 속하는 자연수를 모두 쓰시오.

[답]

9 다음 두 조건을 모두 만족하는 자연수는 몇 개입니까?

> • 반올림하여 십의 자리까지 나타내면 500입니다.
> • 버림하여 십의 자리까지 나타내면 500입니다.

[답]

10 올림하여 백의 자리까지 나타낸 수가 4700이 되는 수 중에서 가장 큰 수와 가장 작은 수의 차를 구하시오.

[답]

11 어떤 수를 일의 자리에서 반올림하였더니 1000이 되었습니다. 어떤 수의 범위를 이상과 이하를 사용하여 수직선에 나타내시오.

기탄 사고력수학 성취도 테스트
H241a~H300b (제한 시간 : 40분)

이름
날짜
정답 수

☐ 20~18문항 : Ⓐ 아주 잘함   학습한 교재에 대한 성취도가 매우 높습니다. ➡ 다음 단계인 H6으로 진행하십시오.
☐ 17~15문항 : Ⓑ 잘함   학습한 교재에 대한 성취도가 충분합니다. ➡ 다음 단계인 H6으로 진행하십시오.
☐ 14~12문항 : Ⓒ 보통   다음 단계로 나가는 능력이 약간 부족합니다. ➡ H5를 복습한 다음 H6으로 진행하십시오.
☐ 11문항 이하 : Ⓓ 부족함   다음 단계로 나가기에는 능력이 아주 부족합니다. ➡ H5를 처음부터 다시 학습하십시오.

1 다음은 평행사변형입니다. ㉠의 크기를 구하시오.

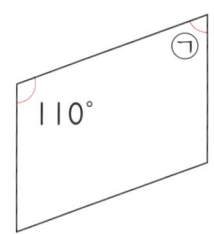

[답]

2 마름모라고 할 수 있는 것을 찾아 기호를 쓰시오.

㉠ 직사각형   ㉡ 평행사변형   ㉢ 정사각형   ㉣ 사다리꼴

[답]

3 다음 중 다각형이 <u>아닌</u> 것은 어느 것입니까? (   )

①
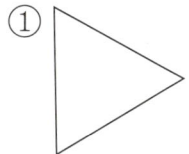

②

③

④

⑤

4 대각선에 대한 설명 중 <u>잘못된</u> 것은 어느 것입니까? (   )

① 삼각형은 대각선이 없습니다.
② 직사각형의 두 대각선의 길이는 같습니다.
③ 평행사변형의 두 대각선의 길이는 같습니다.
④ 마름모의 두 대각선은 서로 수직으로 만납니다.
⑤ 정사각형의 두 대각선은 서로 수직이고 길이가 같습니다.

5 도형 판의 **2**조각으로 만들 수 <u>없는</u> 도형은 어느 것입니까? (   )

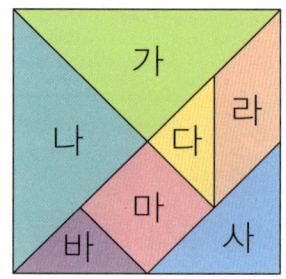

① 평행사변형   ② 마름모   ③ 직사각형
④ 정삼각형   ⑤ 정사각형

6 계속 펼쳐진 바닥을 겹치지 않고 빈틈없이 덮을 수 있는 정다각형을 모두 찾아 기호를 쓰시오.

> ㉠ 정삼각형   ㉡ 정사각형   ㉢ 정오각형   ㉣ 정육각형

[답]

7 직사각형의 둘레를 구하시오.

(1)

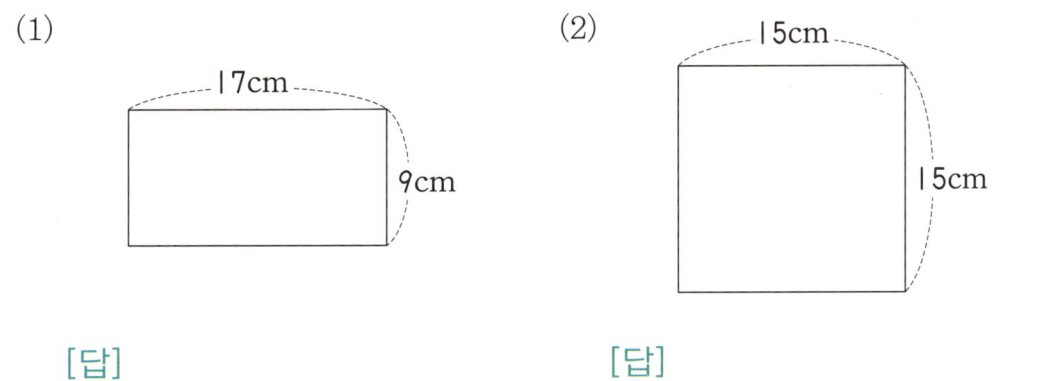

17cm

9cm

[답] _____

(2)

15cm

15cm

[답] _____

8 직사각형의 둘레가 **64cm**일 때, ☐ 안에 알맞은 수를 써넣으시오.

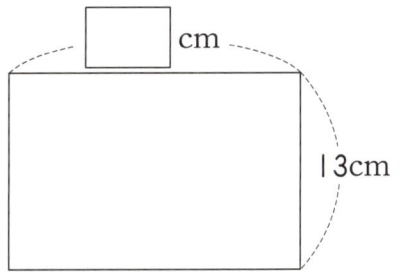

☐ cm

13cm

9 직사각형의 넓이를 구하시오.

(1)

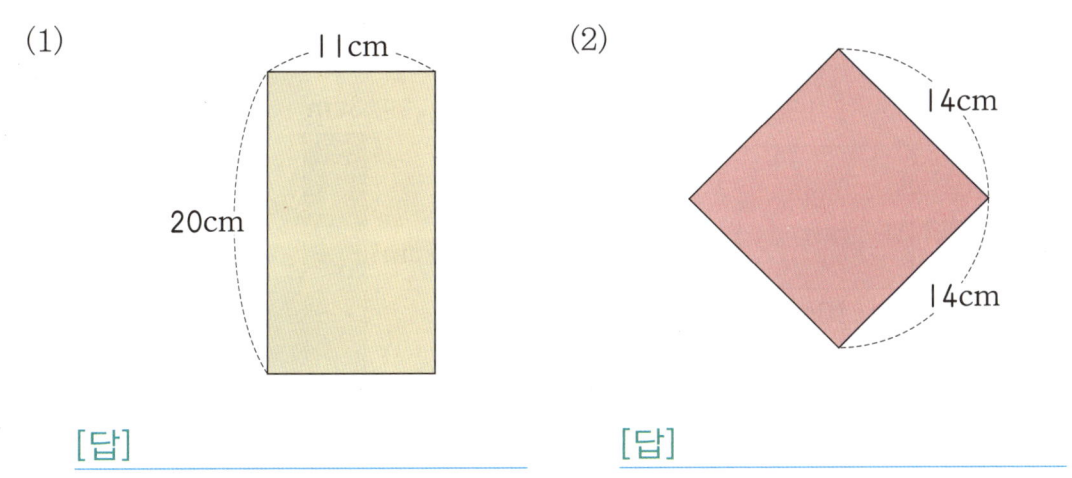

11cm

20cm

[답] _____

(2)

14cm

14cm

[답] _____

10 다음 직사각형과 정사각형의 둘레는 같습니다. ☐ 안에 알맞은 수를 써넣으시오.

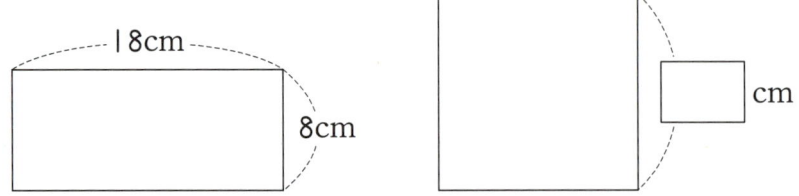

11 색칠한 부분의 넓이를 구하시오.

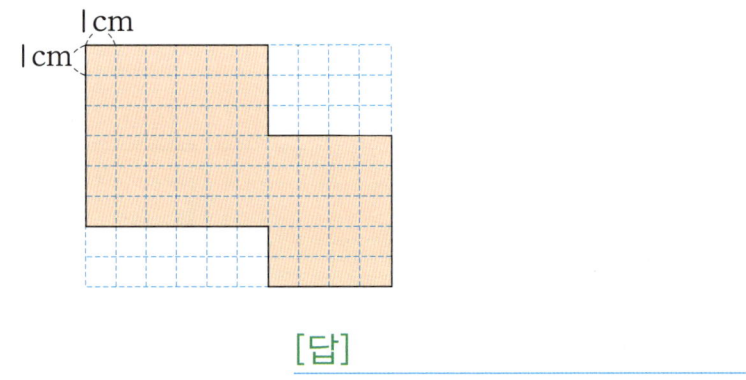

[답] _____

12 도형의 넓이를 구하시오.

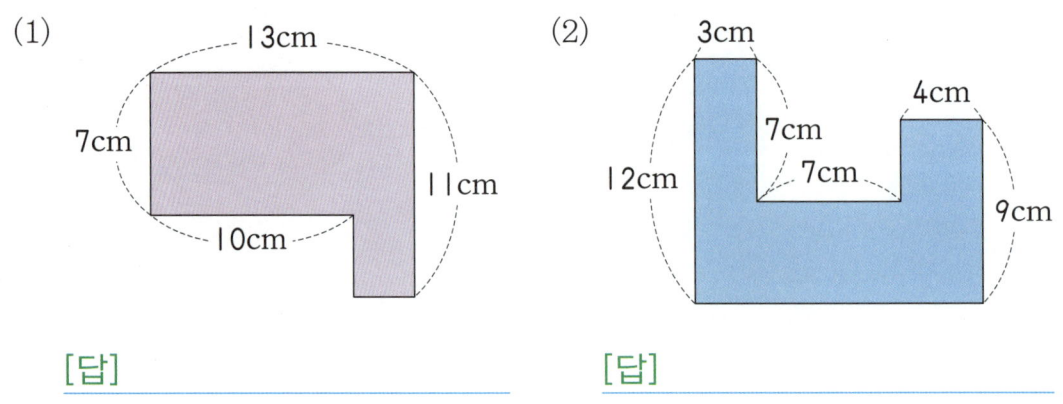

(1)

[답] _____

(2)

[답] _____

진혜네 반 학생들의 하루 동안 인터넷 사용 시간을 조사하여 나타낸 표입니다. 물음에 답하시오. [13~14]

인터넷 사용 시간

이름	시간(분)	이름	시간(분)	이름	시간(분)
진혜	55	지우	61	예슬	36
완석	60	경주	74	정미	51
준수	116	호경	45	선정	90

13 인터넷 사용 시간이 1시간 이상인 학생은 누구누구입니까?

[답] _____

14 인터넷 사용 시간이 1시간 미만인 학생은 누구누구입니까?

[답] _____

15 다음 수의 범위를 수직선에 나타내시오.

55 초과 60 이하인 수

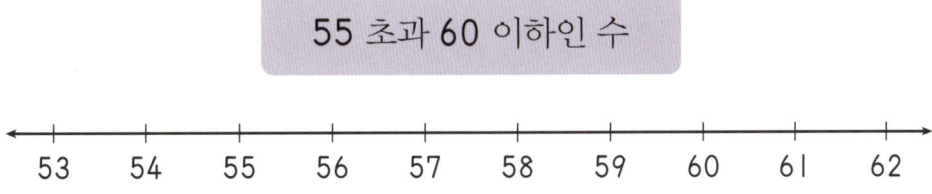

16 74 이상 82 미만인 자연수 중에서 가장 큰 수와 가장 작은 수의 차를 구하시오.

[답] _____

17 수를 올림, 버림, 반올림하여 천의 자리까지 나타내시오.

수	올림	버림	반올림
4572			
19003			

18 125984를 반올림하여 다음 자리까지 나타낼 때, 가장 큰 수는 어느 것입니까? (   )

① 십의 자리   ② 백의 자리   ③ 천의 자리
④ 만의 자리   ⑤ 십만의 자리

19 축구장에 관람객이 25082명 입장하였습니다. 축구장에 입장한 관람객은 약 몇천 명입니까?

[답] _____

20 도은이의 저금통에는 100원짜리 동전이 497개 있습니다. 이 동전을 만 원짜리 지폐로 바꾸면 얼마까지 바꿀 수 있습니까?

[답] _____

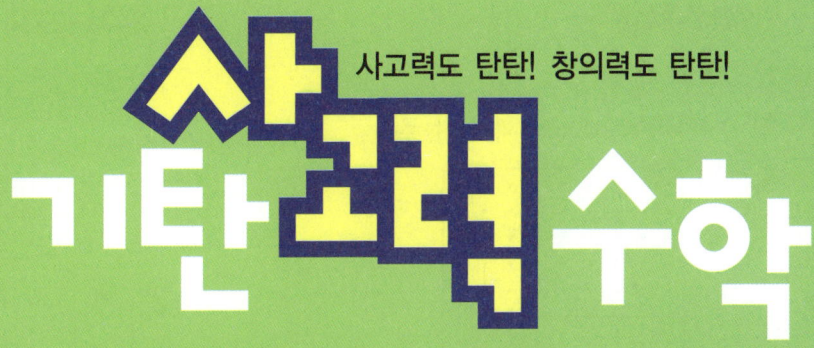

사고력도 탄탄! 창의력도 탄탄!

기탄사고력수학 해답

H241a~H300b

해답은 따로 보관하고 있다가
채점할 때 사용해 주세요.

241a~241b

1 변 ㄹㄷ, 변 ㄴㄷ   2 1쌍

3 사다리꼴   4 나, 라

5 (예)
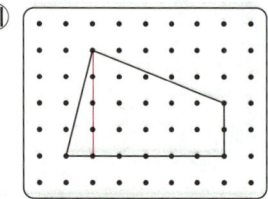

6 (예)
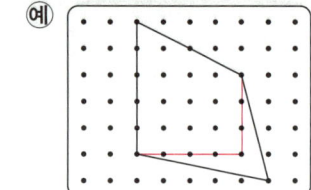

7 (예)
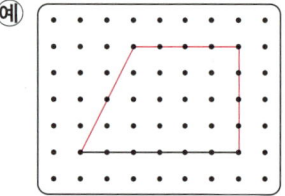

8 (예)
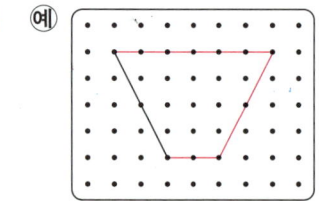

242a~242b

1 2쌍   2 평행사변형

3 변 ㄹㄷ, 변 ㄱㄹ

4 각 ㄱㄴㄷ, 각 ㄴㄱㄹ

5 가, 라   6 나, 다

7
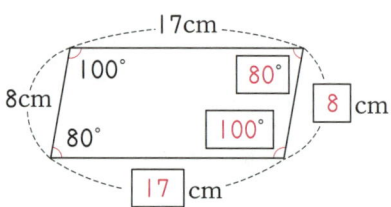

243a~243b

1 (예)
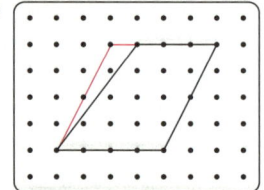

2 (예)
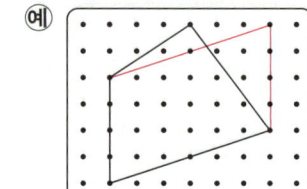

3 (예)
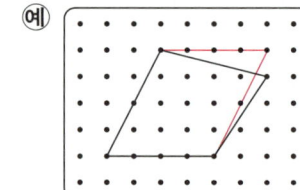

4 (예)
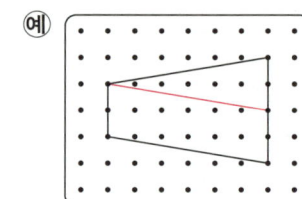

5
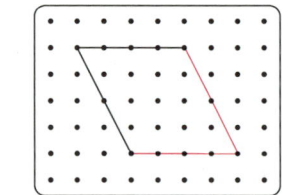

6
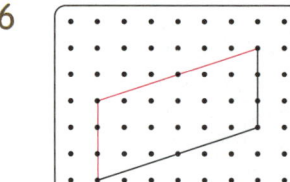

7 ㉡   8 나, 라, 바

9 55°

244a~244b

1 변 ㄴㄷ, 변 ㄷㄹ, 변 ㄱㄹ

2 마름모   3 2쌍

4 각 ㄱㄴㄷ, 각 ㄴㄱㄹ

5 라   **6** 나

7
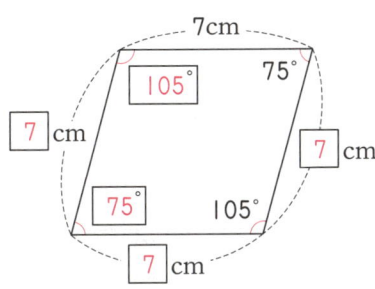

6
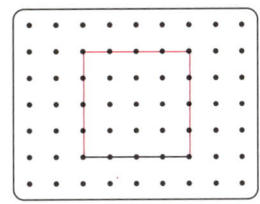

7 56cm

8 50°

> 풀이 각 ㄴㄷㄹ의 크기를 □라고 하면
> 130°+□+130°+□=360°
> □+□=100°, □=50°

9 25cm

> 풀이 마름모는 네 변의 길이가 모두 같으므로 만들어진 마름모의 한 변의 길이는
> 100÷4=25(cm)입니다.

245a~245b

1
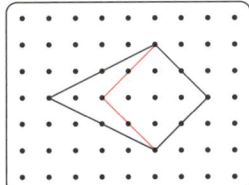

2
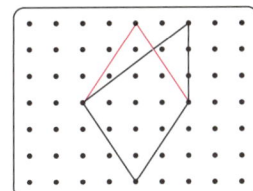

3
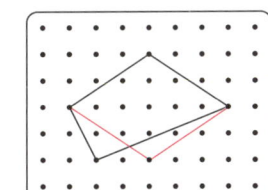

4
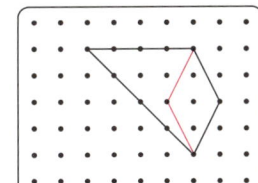

5
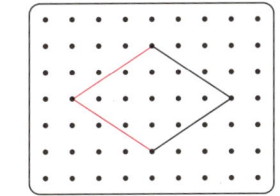

246a~246b

1 예에 ◯표   **2** 예에 ◯표

3 아니오에 ◯표   **4** 예에 ◯표

5 예에 ◯표   **6** 예에 ◯표

7 나, 다, 라, 마, 바

8 다, 라, 마, 바   **9** 라, 바

10 마, 바   **11** 바

247a~247b

1
(그림: 가로 11cm, 세로 8cm 직사각형, 90°, 8cm, 11cm)

2 9cm

> 풀이 정사각형은 네 변의 길이가 같으므로 한 변의 길이는 36÷4=9(cm)입니다.

3 ③, ⑤   **4** ①, ②

5 **(예)** 직사각형은 네 변의 길이가 모두 같지 않으므로 정사각형이라고 할 수 없습니다.

6 **(예)** 정사각형은 네 각의 크기가 모두 같으므로 직사각형이라고 할 수 있습니다.

248a~248b

1 가, 다, 마　　　2 다, 마
3 삼각형　　　　　4 사각형
5 오각형　　　　　6 칠각형
7 정오각형　　　　8 정팔각형

249a~249b

1 **(예)**

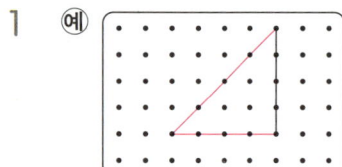

2 **(예)**

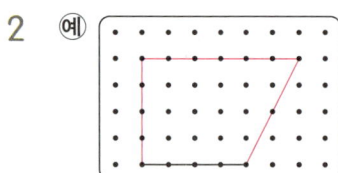

3 **(예)**

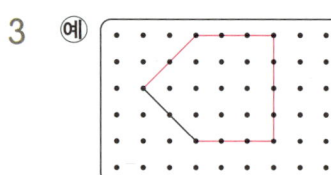

4 **(예)**

5 108　　　　　　6 63cm
7 정십각형
8 **(예)** 변의 길이는 모두 같지만 각의 크기가 모두 같지 않으므로 정다각형이 아닙니다.

250a~250b

1 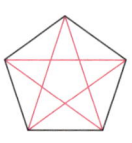　　2
3 　　　　　　　4
5 ①　　　　　　　6 다, 마
7 마, 바　　　　　8 가, 다, 마, 바
9 마

251a~251b

1 ②
2 ④

풀이 ①

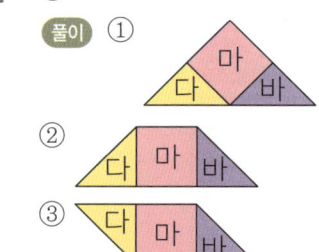

②

③

⑤

3 **(예)**

4 **(예)**

5 **(예)**

6 **(예)**

252a~252b

1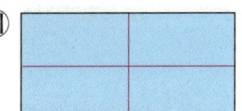
예

2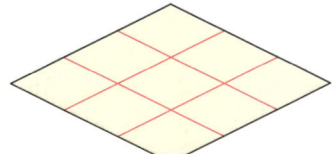

3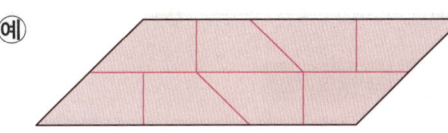
예

4 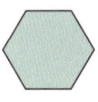   5

6 ㉠, ㉣

253a~253b 창의력 학습

a 정사각형

b 라
풀이
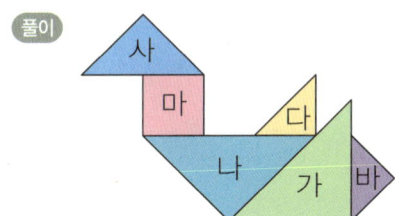

254a~255b 경시대회 예상문제

1 7cm
풀이 마름모는 네 변의 길이가 같습니다.
(변 ㄴㄷ)=(변 ㄱㄴ)=12cm
(변 ㄷㅁ)=(변 ㄴㅁ)−(변 ㄴㄷ)
        =19−12=7(cm)

2 6개
풀이 삼각형 2개짜리 사다리꼴: 3개
삼각형 3개까리 사다리꼴: 3개
➡ 3+3=6(개)

3 8cm
풀이 (정사각형의 네 변의 길이의 합)
=10+10+10+10=40(cm)
(정오각형의 한 변의 길이)=40÷5
                    =8(cm)

4 54cm
풀이 정육각형과 정삼각형의 한 변의 길이가 서로 같으므로 (변 ㅂㅁ)=9cm입니다. 따라서 정육각형의 모든 변의 길이의 합은 9×6=54(cm)입니다.

5 14cm
풀이 (각 ㄹㅁㄷ)=(각 ㅁㄷㄹ)
=(각 ㅁㄹㄷ)=60°이므로 삼각형 ㄹㅁㄷ은 정삼각형입니다.
직사각형의 두 대각선은 서로 다른 것을 이등분하므로
(선분 ㄱㄷ)=(선분 ㄱㅁ)+(선분 ㄷㅁ)
        =7+7=14(cm)

6 ㉠, ㉡, ㉂
풀이 ㉠ 평행사변형, ㉡ 마름모

㉂ 정육각형
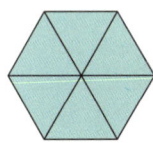

7 ㉠, ㉡, ㉣
풀이 ㉠
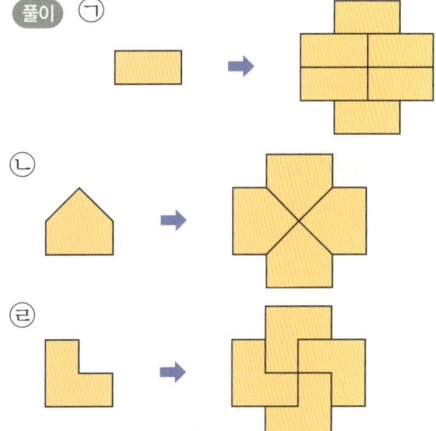
㉡

㉣

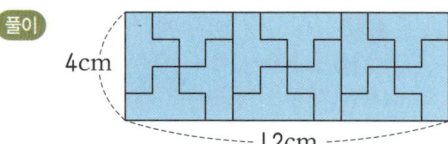

8 12개

풀이

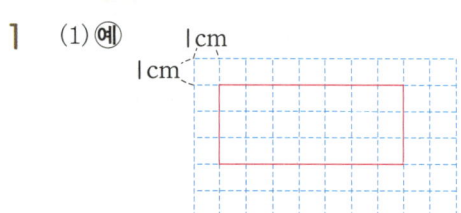

4cm
12cm

9 각 ㄴㄷㄹ의 크기는 각 ㄱㄴㄷ의 크기의 4 배이므로 각 ㄱㄴㄷ의 크기를 □라고 하면 각 ㄴㄷㄹ의 크기는 4×□입니다.

(각 ㄱㄴㄷ)+(각 ㄴㄷㄹ)=□+4×□
=□×5=180°

□=180°÷5=36°

(각 ㄴㄷㄹ)=36°×4=144°

[답] 144°

평가 기준	
상	(각 ㄱㄴㄷ)+(각 ㄴㄷㄹ)=180°임을 알고 답을 바르게 구한 경우
중	(각 ㄱㄴㄷ)+(각 ㄴㄷㄹ)=180°임을 알았으나 답을 구하지 못한 경우
하	풀이 과정과 답을 구하지 못한 경우

10 각 ㅂㅅㅇ은 접은 각이므로
(각 ㅂㅅㅇ)=(각 ㄷㅅㅇ)=27°
(각 ㄴㅅㅂ)=180°-27°-27°=126°
사각형 ㄱㄴㅅㅂ에서
(각 ㄱㅂㅅ)=360°-90°-90°-126°
=54°

[답] 54°

평가 기준	
상	각 ㅂㅅㅇ이 접은 각임을 알고 답을 바르게 구한 경우
중	각 ㅂㅅㅇ이 접은 각임을 알았으나 답을 구하지 못한 경우
하	풀이 과정과 답을 구하지 못한 경우

256a~256b

1 (1) 예

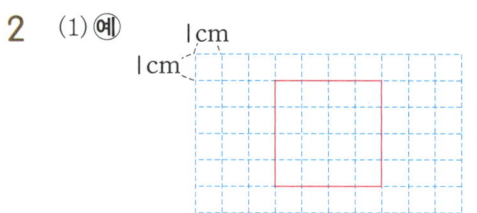

1cm
1cm

(2) 20cm (3) 2

2 (1) 예

1cm
1cm

(2) 16cm (3) 4

3	8, 2, 38	**4**	14, 2, 36
5	6, 10, 32	**6**	7, 2, 46
7	4, 24	**8**	9, 4, 36

257a~257b

1	28cm	**2**	36cm
3	30cm	**4**	42cm
5	50cm	**6**	44cm
7	20cm	**8**	28cm
9	32cm	**10**	40cm
11	44cm	**12**	48cm

258a~258b

1	10	**2**	20
3	11	**4**	19
5	9	**6**	12

7 예

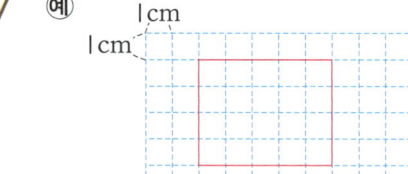

1cm
1cm

8 예

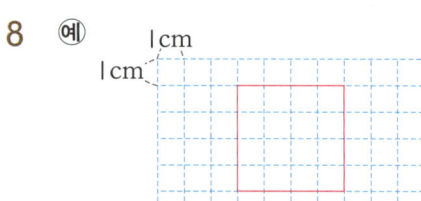

1cm
1cm

9 예

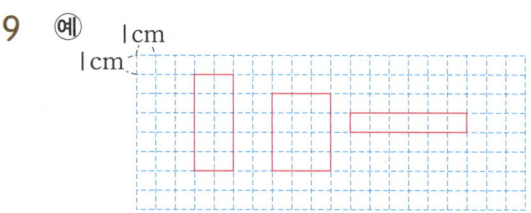

1cm
1cm

259a~259b

1	340cm	2	120cm
3	15cm	4	25cm

5 ㉢, ㉠, ㉡

풀이 ㉠ $(11+18) \times 2 = 58$(cm)
㉡ $(14+12) \times 2 = 52$(cm)
㉢ $15 \times 4 = 60$(cm)

6 11

풀이 (직사각형의 둘레)
$= (15+7) \times 2 = 44$(cm)
(정사각형의 한 변의 길이)
$= 44 \div 4 = 11$(cm)

7 16cm

풀이 도형의 둘레는 1cm인 변이 16개이므로 16cm입니다.

260a~260b

1	다와 마	2	가와 다
3	8배	4	9배
5	18배	6	25배
7	12배	8	15배

261a~261b

1	$6cm^2$	2	$10cm^2$
3	$21cm^2$	4	$16cm^2$
5	$24cm^2$	6	$40cm^2$
7	$10cm^2$	8	$21cm^2$
9	$12cm^2$	10	$24cm^2$
11	$35cm^2$	12	$36cm^2$

262a~262b

1 (1) 32개 (2) 4, 32

2 (1) 36개 (2) 6, 36

3	6, 60	4	4, 36
5	7, 12, 84	6	15, 8, 120
7	8, 8, 64	8	11, 11, 121

263a~263b

1	$35cm^2$	2	$96cm^2$
3	$99cm^2$	4	$112cm^2$
5	$130cm^2$	6	$180cm^2$
7	$25cm^2$	8	$36cm^2$
9	$49cm^2$	10	$81cm^2$
11	$100cm^2$	12	$144cm^2$

264a~264b

1	9	2	8
3	12	4	6
5	7	6	10
7	$48cm^2$	8	$169cm^2$
9	15cm		
10	나		

풀이 (가의 넓이) $= 19 \times 5 = 95(cm^2)$
(나의 넓이) $= 8 \times 12 = 96(cm^2)$
따라서 나의 넓이가 가의 넓이보다 $1cm^2$ 더 넓습니다.

265a~265b

1	30, 16, 46	2	10, 36, 46
3	54, 8, 46	4	10, 18, 14, 42
5	6, 28, 8, 42		
6	126, 15, 21, 20, 28, 42		

266a~266b

1 $18cm^2$, $100cm^2$, $118cm^2$

2 $20cm^2$, $36cm^2$, $52cm^2$, $108cm^2$

3 $154cm^2$, $35cm^2$, $119cm^2$

4	$47cm^2$	5	$30cm^2$
6	$51cm^2$	7	$33cm^2$
8	$36cm^2$	9	$24cm^2$

267a~267b

1 $102cm^2$

2 $75cm^2$

3 $97cm^2$

4 $107cm^2$

5 $123cm^2$

6 $111cm^2$

7 $122cm^2$

8 $152cm^2$

9 $100cm^2$

10 $69cm^2$

11 파란색에 ◯표, 5

풀이 (파란색 부분의 넓이)
$$= 25 \times 17 - 15 \times 14$$
$$= 425 - 210 = 215(cm^2)$$
(노란색 부분의 넓이)
$$= 15 \times 14 = 210(cm^2)$$
따라서 파란색 부분의 넓이가
$215 - 210 = 5(cm^2)$ 더 넓습니다.

268a~268b 창의력 학습

a 4000원

풀이 한 변이 10cm인 정사각형 모양의 색지의 넓이는 $10 \times 10 = 100(cm^2)$입니다. 10cm의 2배는 20cm이므로 한 변이 20cm인 정사각형 모양의 색지의 넓이는 $20 \times 20 = 400(cm^2)$입니다.
따라서 한 변이 10cm인 색지보다 넓이가 4배 커지므로 가격은 1000원의 4배인 4000원입니다.

b 예

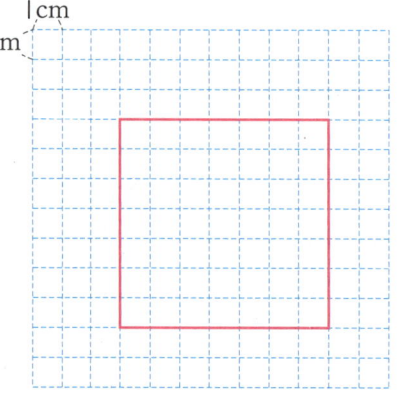

269a~270b 경시대회 예상문제

1 $361cm^2$

풀이 (정사각형의 한 변의 길이)
$$= 76 \div 4 = 19(cm)$$
(정사각형의 넓이)$= 19 \times 19 = 361(cm^2)$

2 58cm

풀이 (직사각형의 세로)
$$= 204 \div 17 = 12(cm)$$
(직사각형의 둘레)$= (17 + 12) \times 2$
$$= 58(cm)$$

3 $98cm^2$

풀이 세로를 □cm라고 하면 가로는 (□+□)cm입니다.
(직사각형의 둘레)$= (□+□+□) \times 2$
$$= 42$$
$□+□+□ = 42 \div 2 = 21$
$□ = 7(cm)$
따라서 가로가 14cm, 세로가 7cm인 직사각형의 넓이는 $14 \times 7 = 98(cm^2)$입니다.

4 12cm

풀이 (직사각형의 넓이)$= 18 \times 8$
$$= 144(cm^2)$$
정사각형의 한 변을 □cm라고 하면
$□ \times □ = 144$, $12 \times 12 = 144$이므로
$□ = 12(cm)$
따라서 정사각형의 한 변의 길이를 12cm로 그리면 됩니다.

5 $123cm^2$

풀이

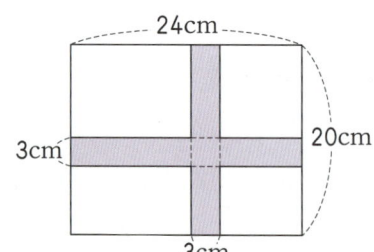

(색칠한 부분의 넓이)
$$= 24 \times 3 + 3 \times 20 - 3 \times 3 = 123(cm^2)$$

6 384cm²

풀이 직사각형의 가로는 반지름 6개의 길이와 같으므로 24cm이고, 세로는 반지름 4개의 길이와 같으므로 16cm입니다.
(직사각형의 넓이)=24×16=384(cm²)

7 7cm²

풀이 (정사각형의 한 변의 길이)
=44÷4=11(cm)
(정사각형의 넓이)=11×11=121(cm²)
직사각형의 가로는 11+5=16(cm),
세로는 11−3=8(cm)입니다.
(직사각형의 넓이)=16×8=128(cm²)
따라서 직사각형의 넓이는 정사각형의 넓이보다 128−121=7(cm²) 더 넓습니다.

8 64cm

풀이

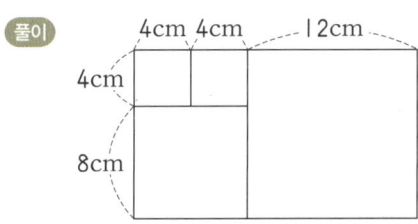

(직사각형의 둘레)=(20+12)×2
=64(cm)

9 작은 정사각형의 한 변의 길이를 □cm라고 하면 큰 정사각형의 한 변의 길이는 (□+3)cm입니다.
□+□+3=29, □+□=26,
□=13(cm)
따라서 작은 정사각형의 한 변의 길이는 13cm, 큰 정사각형의 한 변의 길이는 16cm입니다.
(도형의 둘레)
=13+13+29+16+16+3=90(cm)
[답] 90cm

평가 기준	
상	작은 정사각형의 한 변의 길이를 구하고 답을 바르게 구한 경우
중	작은 정사각형의 한 변의 길이는 구하였으나 답을 구하지 못한 경우
하	풀이 과정과 답을 구하지 못한 경우

10 80cm

풀이 (변 ㄱㄹ)=21−15=6(cm)
(변 ㄱㄴ)=114÷6=19(cm)
(도형의 둘레)
=21+19+6+4+15+15=80(cm)

11
풀이

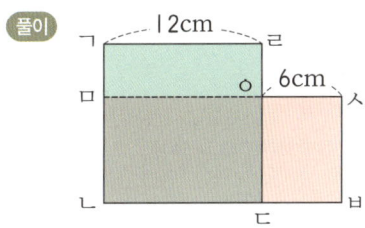

정사각형 ㄱㄴㄷㄹ과 직사각형 ㅁㄴㅂㅅ의 넓이가 같으므로
(정사각형의 넓이)=12×12=144(cm²)
(직사각형의 세로)=144÷18
=8(cm)
(겹쳐진 부분의 넓이)=12×8=96(cm²)
[답] 96cm²

평가 기준	
상	직사각형의 세로를 구하고 답을 바르게 구한 경우
중	직사각형의 세로는 구하였으나 답을 구하지 못한 경우
하	풀이 과정과 답을 구하지 못한 경우

271a~271b

1 지우, 영철, 용호, 미주
2 현숙, 성은, 용호, 기웅, 소희
3 형태, 영환   4 나윤, 서영, 하진
5 보연, 선영   6 이하에 ○표

272a~272b

1 8, 9, 10, 11, 12에 ○표
2 42, 30, 58, 27에 ○표
3 36, 37, 38, 39, 40에 ○표
4 39, 65, 28, 57, 49에 ○표
5 7, 8, 9, 10, 11에 ○표

6 50, 48, 57, 53에 ○표

7 29, 30, 31, 32, 33

8 11

풀이 11 이하인 수 중에서 자연수는 1, 2, 3, …… 9, 10, 11이므로 가장 큰 자연수는 11입니다.

273a~273b

1 태웅, 효영, 서림, 준범

2 승범, 채우, 호진

3 진석, 미은, 준수, 윤서

4 시연, 희정, 윤환

5 현선, 준수   **6** 미만에 ○표

274a~274b

1 15, 16, 17, 18에 ○표

2 58, 65, 70, 46에 ○표

3 45, 46, 47, 48, 49에 ○표

4 11, 19, 5, 8, 13에 ○표

5 36, 37, 38, 39에 ○표

6 51, 48, 60, 59에 ○표

7 80, 81, 82, 83, 84

8 30

풀이 29 초과인 수 중에서 자연수는 30, 31, 32, ……이므로 가장 작은 자연수는 30입니다.

275a~275b

1 17 이하인 수   **2** 42 이상인 수

3 30 초과인 수

4 6 이상 10 이하인 수

5 34 초과 38 미만인 수

6 19 초과 24 이하인 수

7 44 이상 49 미만인 수

276a~276b

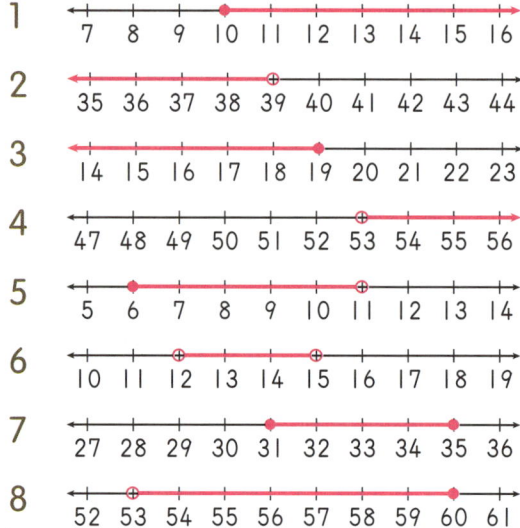

277a~277b

1 라이트급   **2** 기태

3 현상   **4** 초과

5 이상, 미만

6 19, 20, 21, 22, 23

7 〔수직선 110~200, 130에서 190까지〕

278a~278b

1 400   **2** 1100

3 1000   **4** 4500

5 2000   **6** 9000

7 11000   **8** 99000

9 5180, 5200, 6000

10 31000, 31000, 40000

11 22730, 22700, 22000

12 84100, 84000, 80000

※해답은 따로 보관하고 있다가 채점할 때 사용해 주세요.

279a~279b

1 349, 342에 ◯표

풀이 349 ➡ 350   340 ➡ 340
　　　올림　　　　　그대로 둡니다.

359 ➡ 360   351 ➡ 360
올림　　　　　올림

342 ➡ 350
올림

2 952, 904에 ◯표

풀이 952 ➡ 1000   1001 ➡ 1100
　　　올림　　　　　　올림

899 ➡ 900   904 ➡ 1000
올림　　　　　올림

900 ➡ 900
그대로 둡니다.

3 1387, 1301, 1390에 ◯표

풀이 1403 ➡ 1400   1387 ➡ 1300
　　　버림　　　　　　버림

1299 ➡ 1200   1301 ➡ 1300
버림　　　　　버림

1390 ➡ 1300
버림

4 8162, 8076, 8999에 ◯표

풀이 7999 ➡ 7000   8162 ➡ 8000
　　　버림　　　　　　버림

9002 ➡ 9000   8076 ➡ 8000
버림　　　　　버림

8999 ➡ 8000
버림

5 60000

풀이 몇만으로 나타내기 위해서는 올림하여 만의 자리까지 나타냅니다.
56789 ➡ 60000

6 ㉣

풀이 ㉠ 9603 ➡ 9600
㉡ 1082 ➡ 1000
㉢ 1999 ➡ 1900

7 ㉠, ㉣

풀이 ㉠ 81154 ➡ 82000
㉡ 80991 ➡ 81000
㉢ 82003 ➡ 83000
㉣ 81990 ➡ 82000

8 30000원

풀이 100원짜리 동전이 389개이므로 38900원입니다. 따라서 만 원짜리 지폐로 바꾸려면 버림하여 만의 자리까지 나타낸 30000원까지 바꿀 수 있습니다.

280a~280b

1

2 150, 160　　**3** 약 150명

4 약 160명

5 300　　　　**6** 300

7 2100　　　**8** 19800

9 9000　　　**10** 6000

11 14000　　**12** 50000

13 6000　　　**14** 3000

15 95000　　**16** 100000

281a~281b

1 2060, 2100, 2000

2 47100, 47000, 50000

3 74, 66, 70에 ◯표

풀이 74 ➡ 70   59 ➡ 60
　　　버림　　　올림

63 ➡ 60   78 ➡ 80
버림　　　올림

66 ➡ 70   70 ➡ 70
올림　　　버림

4 337, 309, 280에 ◯표

풀이 337 ➡ 300   350 ➡ 400
　　　버림　　　올림

238 ➡ 200   364 ➡ 400
버림　　　올림

309 ➡ 300   280 ➡ 300
버림　　　올림

5 39300, 39000, 40000

6 약 30000명

7 ④

풀이 ① 205950 ② 205900
③ 206000 ④ 210000
⑤ 200000

8 54

풀이 반올림하여 십의 자리까지 나타낸 수가 50이 되는 자연수는 45, 46, 47, 48, 49, 50, 51, 52, 53, 54이므로 가장 큰 수는 54입니다.

282a~282b

1 (1) 버림 (2) 2400g (3) 24개

2 (1) 올림 (2) 6m

3 5개

풀이 459÷85=5…34에서 나머지 34cm는 선물 상자를 포장할 수 없으므로 버림을 이용합니다. 따라서 선물 상자는 5개 포장할 수 있습니다.

4 6대

풀이 43÷8=5…3에서 나머지 3명도 승합차에 타야 하므로 올림을 이용합니다. 따라서 승합차는 6대 필요합니다.

5 약 4300명

풀이 약 몇백 명으로 나타내기 위해서는 십의 자리에서 반올림합니다. 따라서 햇빛 마을의 인구는 약 4300명입니다.

6 7타

풀이 80÷12=6…8에서 나머지 8명의 학생에게도 연필을 나누어 주어야 하므로 올림을 이용합니다. 따라서 연필을 7타 사야 합니다.

283a~283b 창의력 학습

a 회전목마

b 7000원, 550원

풀이 (내야할 돈)
=1600+1750+1200+1250+650
=6450(원)

천 원짜리 지폐로 계산하려고 하므로 올림을 이용합니다. 따라서 7000원을 내고 거스름돈으로 7000−6450=550(원)을 받아야 합니다.

284a~285b 경시대회 예상문제

1 6개

풀이 50 이상 80 미만인 자연수 중에서 5의 배수는 50, 55, 60, 65, 70, 75이므로 6개입니다.

2 28, 29, 30, 31, 32

3 278÷15=18…8에서 사과 8개는 상자에 넣어 팔지 못하므로 버림을 이용합니다. 따라서 18상자를 팔 수 있으므로 팔 수 있는 금액은 12000×18=216000(원)입니다.
[답] 216000원

평가 기준	
상	팔 수 있는 상자 수를 구하고 답을 바르게 구한 경우
중	팔 수 있는 상자 수는 구하였으나 답을 구하지 못한 경우
하	풀이 과정과 답을 구하지 못한 경우

4 ㄹ, ㄱ, ㄴ, ㄷ

풀이 ㉠ 14<u>3</u>7 ➡ 1440
　　　　올림
㉡ 14<u>4</u>9 ➡ 1400
　　버림
㉢ 1<u>5</u>83 ➡ 1000
　　버림
㉣ 1<u>4</u>02 ➡ 1500
　　올림

5 (1) 159 (2) 18

풀이 (1) 150 이상 □ 이하인 자연수에서 150과 □는 포함되는 수입니다. 따라서 자연수가 모두 10개이므로 □는 159입니다.
(2) □ 초과 31 미만인 자연수에서 □와 31은 포함되지 않는 수입니다. 따라서 자연수가 모두 12개이므로 □는 18입니다.

6

47 48 49 50 51 52 53 54 55 56 57 58

풀이 51이상 57 이하인 수

47 48 49 50 51 52 53 54 55 56 57 58

48 초과 55 미만인 수

47 48 49 50 51 52 53 54 55 56 57 58

7 십의 자리에서 반올림하여 500이 되는 자연수는 450, 451, 452, ……, 547, 548, 549이므로 가장 큰 수는 549이고, 가장 작은 수는 450입니다.

➡ $549 - 450 = 99$

[답] 99

평가 기준	
상	십의 자리에서 반올림하여 500이 되는 자연수를 알고 답을 바르게 구한 경우
중	십의 자리에서 반올림하여 500이 되는 자연수는 알았으나 답을 구하지 못한 경우
하	풀이 과정과 답을 구하지 못한 경우

8 ㄹ

풀이 ㄱ, ㄴ, ㄷ: 51000 ㄹ: 50000

9

30 40 50

풀이 일의 자리에서 반올림하여 40이 되는 수의 범위는 35 이상 44 이하인 수입니다.

10 43097

풀이 ㄱ□□□□□입니다.
ㄴ 40000에서 59999까지의 수입니다.
ㄷ 만의 자리 숫자는 4입니다.
ㄹ 천의 자리 숫자는 3입니다.
ㅁ 백의 자리 숫자는 0입니다.
ㅂ 십의 자리 숫자는 9입니다.
ㅅ 일의 자리 숫자는 7입니다.
➡ 43097

11 7300원

풀이 할아버지: 무료 아버지: 2500원
어머니: 2500원 오빠: 1500원
수지: 800원
➡ $2500 + 2500 + 1500 + 800$
$= 7300$(원)

286a~289b

1 가, 나, 마
2 가
3 사다리꼴
4 마
5 가
6 ⑤
7 ㄷ, ㄹ

8 **예**

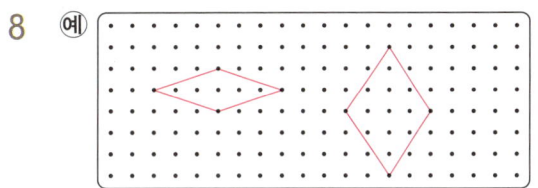

9

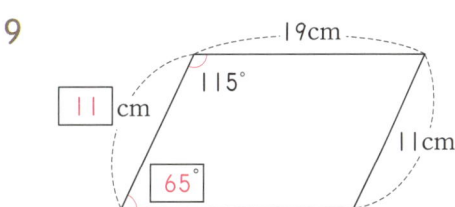

19cm, 115°, 11 cm, 11cm, 65°

10 50°

풀이 마름모는 마주 보는 각의 크기가 같으므로 (각 ㄴㄷㄹ)=(각 ㄴㄱㄹ)=130°
ㄱ=180°-130°=50°

11 60°

풀이

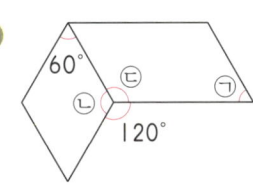

60°, ㄷ, ㄱ, ㄴ, 120°

ㄴ=(360°-60°-60°)÷2=120°
ㄷ=360°-120°-120°=120°
ㄱ=(360°-120°-120°)÷2=60°

12 ㄱ, ㄴ

13 **예** 정사각형은 네 변의 길이가 모두 같으므로 마름모라고 할 수 있습니다.

14 45°

풀이 삼각형 ㄱㄴㄷ은 이등변삼각형이므로 (각 ㄱㄴㄷ)=(180°-90°)÷2=45°

15 나, 마
16 오각형
17 칠각형
18 정팔각형

19

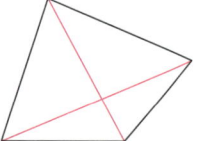

, 2개

20

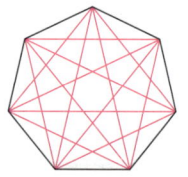

, 14개

21 52cm

풀이 사각형 ㄱㄴㄷㄹ은 한 변이 13cm인 마름모이므로 네 변의 길이의 합은
$13 \times 4 = 52$(cm)입니다.

22 26cm

풀이 직사각형의 대각선은 서로 길이가 같고, 서로 다른 것을 이등분합니다.
(선분 ㄱㄷ)=(선분 ㄴㄹ)
　　　　=(선분 ㅁㄹ)×2
　　　　=$13 \times 2 = 26$(cm)

23 ㉠, ㉡, ㉣

24 가, 나, 사

풀이

25

26 ㉠, ㉣

풀이 ㉠

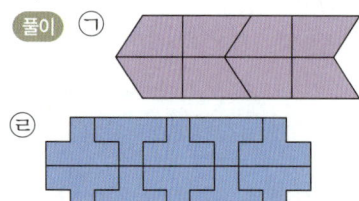

㉣

27 10개

풀이
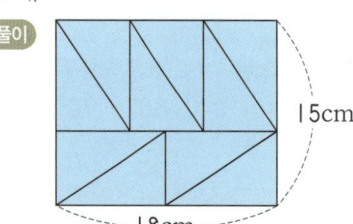

15cm

18cm

290a~293b

1 58cm　　**2** 62cm

3 44cm　　**4** 68cm

5 12cm

풀이 직사각형의 세로를 □cm라고 하면
$(25+□) \times 2 = 74$
$□ = 74 \div 2 - 25 = 12$(cm)

6 17cm

풀이 정사각형의 한 변을 □cm라고 하면
$□ \times 4 = 68$, $□ = 68 \div 4 = 17$(cm)

7 ㉡, ㉢, ㉠

풀이 ㉠ $(19+11) \times 2 = 60$(cm)
㉡ $(15+18) \times 2 = 66$(cm)
㉢ $16 \times 4 = 64$(cm)

8 28cm

풀이 도형의 둘레는 2cm인 변이 모두 14개이므로 $2 \times 14 = 28$(cm)입니다.

9 다와 바　　**10** 마

11 7배　　**12** 6cm^2

13 24cm^2　　**14** 25cm^2

15 110cm^2　　**16** 112cm^2

17 144cm^2　　**18** 81cm^2

19 70cm, 294cm^2

풀이 (직사각형의 둘레)=$(14+21) \times 2$
　　　　　　　　　　=70(cm)
(직사각형의 넓이)=$14 \times 21 = 294(\text{cm}^2)$

20 68cm, 289cm^2

풀이 (정사각형의 둘레)=17×4
　　　　　　　　　　=68(cm)
(정사각형의 넓이)=$17 \times 17 = 289(\text{cm}^2)$

21 26

풀이 (직사각형의 넓이)=$□ \times 8 = 208$
$□ = 208 \div 8 = 26$(cm)

22 ㉢

풀이 ㉠ $7 \times 15 = 105(\text{cm}^2)$
㉡ $19 \times 5 = 95(\text{cm}^2)$
㉢ $11 \times 11 = 121(\text{cm}^2)$

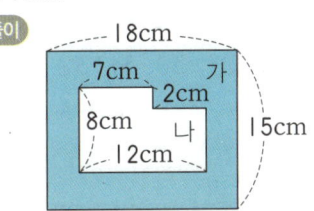

23 6배

풀이 (가의 넓이)=5×3=15(cm²)
(나의 넓이)=15×6=90(cm²)
따라서 나의 넓이는 가의 넓이의
90÷15=6(배)입니다.

24 예

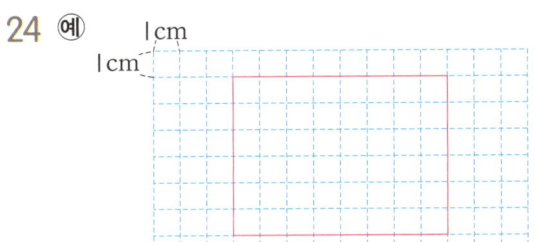

25 29cm²

풀이

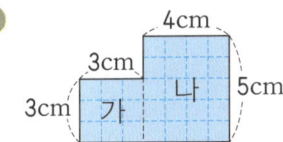

(가의 넓이)=3×3=9(cm²)
(나의 넓이)=4×5=20(cm²)
(도형의 넓이)=9+20=29(cm²)

26 54, 128, 182

27 235cm²

풀이

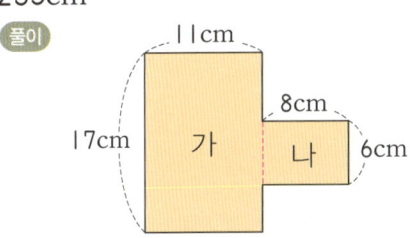

(가의 넓이)=11×17=187(cm²)
(나의 넓이)=8×6=48(cm²)
(도형의 넓이)=187+48=235(cm²)

28 219cm²

풀이

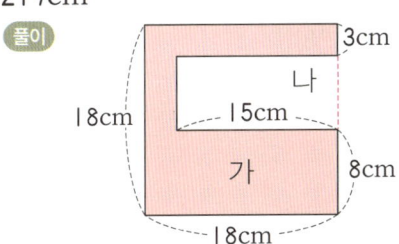

(가와 나의 넓이)=18×18=324(cm²)
(나의 넓이)=15×7=105(cm²)
(도형의 넓이)=324−105=219(cm²)

29 184cm²

풀이

(가와 나의 넓이)=18×15=270(cm²)
(나의 넓이)=12×8−5×2=86(cm²)
(색칠한 부분의 넓이)=270−86
＝184(cm²)

30 100cm

풀이 정사각형의 둘레가 20cm이므로 정
사각형의 한 변은 20÷4=5(cm)입니다.
도형의 둘레는 5cm인 변이 모두 20개이
므로 5×20=100(cm)입니다.

31 25cm²

풀이 정사각형의 한 변이 5cm이므로 정
사각형 한 개의 넓이는 5×5=25(cm²)
입니다.

32 325cm²

풀이 도형의 넓이는 넓이가 25cm²인 정
사각형이 모두 13개이므로
25×13=325(cm²)입니다.

294a~297b

1 (○)
( )
( )
(○)
( )

2 지연, 의성, 재승, 성미

3 지연, 의성, 성미

4 10개

풀이 11 미만인 자연수는 1, 2, 3, 4, 5,
6, 7, 8, 9, 10이므로 10개입니다.

5 32, 30, 34에 ○표

6 소라

7 ㉢, ㉠, ㉡, ㉣

> **풀이** ㉠ 28, 29, 30, 31, 32, 33, 34
> ㉡ 27, 28, 29, 30, 31, 32
> ㉢ 27, 28, 29, 30, 31, 32, 33, 34
> ㉣ 28, 29, 30, 31, 32

8 59 이상 63 미만인 수

9

9 10 11 12 13 14 15 16 17 18

10

33 34 35 36 37 38 39 40 41 42

11 6개

> **풀이** 수직선에 나타낸 수의 범위는 15 초과 21 이하인 수이므로 16, 17, 18, 19, 20, 21로 6개입니다.

12 이상, 미만

> **풀이** 주어진 수는 16은 포함되어 있고, 24는 포함되어 있지 않으므로 16 이상 24 미만인 수입니다.

13 7000원

14 11000원

> **풀이** 4kg짜리 물품의 택배 비용: 5000원
> 10kg짜리 물품의 택배 비용: 6000원
> ➡ 5000＋6000＝11000(원)

15 (위에서부터) 5500, 6000,
47310, 47400, 48000,
99510, 99600, 100000

16 (위에서부터) 10100, 10000,
79990, 79900, 79000,
400950, 400900, 400000

17 (위에서부터) 85000, 90000,
259000, 259000, 260000,
351000, 351000, 350000

18 5605000　　**19** 5604700

20 5600000　　**21** 6000000

22 300000, 290000, 300000

23 ㉠, ㉣

> **풀이** ㉠ 3501 ➡ 3600
> 　　　　올림
> ㉡ 3500 ➡ 3500
> 그대로 둡니다.

> ㉢ 3610 ➡ 3700
> 　　　올림
> ㉣ 3600 ➡ 3600
> 그대로 둡니다.

24 5900명　　　　**25** 약 3000명

26 약 7000명

> **풀이** (하늘 마을의 인구수)＋(초록 마을의 인구수)＝3009＋3947＝6956(명)
> ➡ 약 7000명

27 380개

> **풀이** 387÷10＝38…7에서 나머지 7개는 상자에 포장할 수 없으므로 버림을 이용합니다. 따라서 팔 수 있는 배는 380개입니다.

28 약 60000명

> **풀이** 약 몇만 명으로 나타내기 위해서는 천의 자리에서 반올림하여 나타냅니다. 따라서 박물관에 입장한 관람객은 약 60000명입니다.

29 41개

> **풀이** 325÷8＝40…5에서 나머지 5명도 의자에 앉아야 하므로 올림을 이용합니다. 따라서 학생들이 모두 앉으려면 의자는 적어도 41개 필요합니다.

30 2750원

> **풀이** 색종이를 10장씩 묶음으로만 팔고 있으므로 필요한 색종이 수를 올림하여 십의 자리까지 나타냅니다. ➡ 50장
> 따라서 색종이를 47장을 사려면 5묶음 사야 하므로 550×5＝2750(원)을 지불해야 합니다.

298a~298b 창의력 학습

a

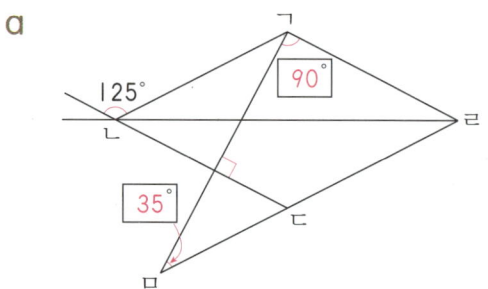

풀이 (각 ㄱㄴㄷ)=(각 ㄱㄹㄷ)
                =180°−125°=55°
(각 ㄴㄷㄹ)=(360°−55°−55°)÷2
            =125°
(각 ㅁㄱㄷ)=360°−90°−125°−55°
            =90°
(각 ㄱㅁㄷ)=180°−90°−55°=35°

b   3848

풀이 네 자리 수이므로 □□□□입니다.
3000이상 4000미만의 수이므로 3□□
□입니다.
백의 자리 숫자는 7 초과 9 미만의 수이므
로 38□□입니다.
십의 자리 숫자는 4 이하의 자연수 중 가
장 큰 수이므로 384□입니다.
일의 자리 숫자는 7 초과인 자연수 중 가
장 작은 수이므로 3848입니다.

299a~300b   경시대회 예상문제

1   6개

풀이 도형 2개짜리: 1개
도형 3개짜리: 2개
도형 4개짜리: 2개
도형 6개짜리: 1개
➡ 1+2+2+1=6(개)

2   (각 ㄴㄷㄹ)=45°+60°=105°
(각 ㄱㄴㄷ)=(360°−105°−105°)÷2
            =75°
(각 ㄱㄴㅁ)=75°−60°=15°
[답] 15°

평가 기준	
상	각 ㄴㄷㅁ의 크기가 60°임을 알고 답을 바르게 구한 경우
중	각 ㄴㄷㅁ의 크기가 60°임은 알았으나 답을 구하지 못한 경우
하	풀이 과정과 답을 구하지 못한 경우

3   32cm

풀이 3조각을 사용하여 만든 정사각형의
한 변은 도형 판 전체 정사각형의 한 변의
반이므로 8cm입니다.

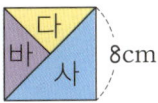

따라서 3조각으로 만들어진 정사각형의
둘레는 8×4=32(cm)입니다.

4   정사각형의 한 변을 □cm라고 하면
□×□=64(cm²), □=8(cm)
따라서 직사각형의 가로는 8cm, 세로는
8÷4=2(cm)이므로 직사각형의 둘레는
(8+2)×2=20(cm)입니다.
[답] 20cm

평가 기준	
상	직사각형의 가로는 세로의 4배임을 알고 답을 바르게 구한 경우
중	직사각형의 가로가 세로의 4배임을 알았으나 답을 구하지 못한 경우
하	풀이 과정과 답을 구하지 못한 경우

5   66cm²

풀이 정사각형의 둘레가 52cm이므로 정
사각형의 한 변은 52÷4=13(cm)입니
다.

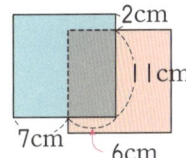

따라서 겹쳐진 직사각형의 가로는 6cm,
세로는 11cm이므로 직사각형의 넓이는
6×11=66(cm²)입니다.

6   208cm²

풀이

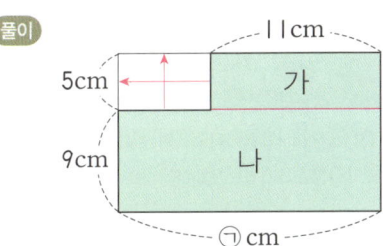

도형의 둘레가 62cm이므로
㉠=17cm입니다.
(가의 넓이)=11×5=55(cm²)
(나의 넓이)=17×9=153(cm²)
(도형의 넓이)=55+153=208(cm²)

7 12개

풀이 백의 자리 숫자가 4인 경우:
471, 475
백의 자리 숫자가 5인 경우:
514, 517, 541, 547, 571, 574
백의 자리 숫자가 7인 경우:
714, 715, 741, 745
➡ 2+6+4=12(개)

8 71, 72, 73

풀이 70 초과 77 미만인 수와 69 이상 74 미만인 수의 범위에서 공통으로 속하는 범위는 70 초과 74 미만인 수입니다. 따라서 수의 범위에 공통으로 속하는 자연수는 71, 72, 73입니다.

9 5개

풀이 반올림하여 십의 자리까지 나타낸 수가 500이 되는 수: 495, 496, 497, 498, 499, 500, 501, 502, 503, 504
버림하여 십의 자리까지 나타낸 수가 500이 되는 수: 500, 501, 502, 503, 504, 505, 506, 507, 508, 509
두 조건을 모두 만족하는 자연수는 500, 501, 502, 503, 504이므로 5개입니다.

10 99

풀이 올림하여 백의 자리까지 나타낸 수가 4700이 되는 수는 4601, 4602, 4603, ……, 4698, 4699, 4700이므로 가장 큰 수는 4700, 가장 작은 수는 4601입니다.
➡ 4700−4601=99

11

풀이 일의 자리에서 반올림하여 1000이 되는 가장 작은 수는 995, 가장 큰 수는 1004입니다. 따라서 수의 범위는 995 이상 1004 이하입니다.

H5 성취도 테스트

1 70°

풀이 평행사변형은 마주 보는 각의 크기가 같습니다.

110°+㉠+110°+㉠=360°
㉠+㉠=140°, ㉠=70°

2 ㉢ **3** ③
4 ③ **5** ④

6 ㉠, ㉡, ㉣

7 (1) 52cm (2) 60cm

풀이 (1) (17+9)×2=52(cm)
(2) (15+15)×2=60(cm)

8 19cm

풀이 직사각형은 마주 보는 두 변의 길이가 같습니다.
(□+13)×2=64
□+13=32, □=19(cm)

9 (1) 220cm² (2) 196cm²

10 13

풀이 (직사각형의 둘레)=(18+8)×2
=52(cm)
(정사각형의 한 변의 길이)=52÷4
=13(cm)

11 56cm²

12 (1) 103cm² (2) 107cm²

13 완석, 준수, 지우, 경주, 선정

14 진혜, 호경, 예슬, 정미

15

16 7

풀이 74 이상 82 미만인 자연수는 74, 75, ……, 80, 81이므로 가장 큰 수는 81이고, 가장 작은 수는 74입니다.
➡ 81−74=7

17 (위에서부터) 5000, 4000, 5000
20000, 19000, 19000

18 ④

풀이 ① 125984 ➡ 125980
② 125984 ➡ 126000
③ 125984 ➡ 126000
④ 125984 ➡ 130000
⑤ 125984 ➡ 100000

19 약 25000명   **20** 40000원